圖解 工業製圖

「具體呈現＋確實傳達＋容易管理」的圖面轉化法，
無縫接軌每一個分工環節

西村仁 著
洪淳瀅 譯

U0015719

製圖是設計端和製造端跨業的溝通語言

國立高雄科技大學工學院　副院長
許宏德

　　本書是西村仁老師繼《圖解看懂工業圖面》（同由易博士出版）之後，另一本製圖相關的入門書。西村老師延續上一本書的風格，同樣站在初學者的立場，以淺顯易懂的文字搭配多量的圖，試圖讓讀者可以無師自通。當然，這本書也非常適合高職、專科、甚至大學的教師們，拿來做為入門教科書使用。

　　誠如西村仁老師在前言所述，我們周邊的各種工業產品，全部都是繪製圖面後所製造的產品。工程圖就是工程師的語言，工程師透過工程圖，傳達自己的設計理念、想法與創意，最後由各個製造程序的人員，依據圖面所記載的資訊，完成產品的製造與生產。如果不懂得如何繪製圖面，就無法和相關領域的專業人員有效溝通；如果不懂得閱讀圖面，就無法得知工程師要傳達的設計內容。換言之，參與製造、生產相關的人員，都必須具備閱圖的能力；而設計人員則必須具備最基本的繪圖能力。西村老師著述本書的目的，即在於此。

　　由於西村仁老師曾在日本知名公司從事機械設備的設計工作多年，還擔任過技術講師，因此深知圖面表達的重要性，更能以深入淺出的說明，使讀者容易理解。尤其在章節之中加入方塊文章(Column)「充電站」，更提高了本書的可讀性。西村老師巧妙的將基本而重要的製圖相關知識，分述於《圖解看懂工業圖面》和本書之中，但是這兩本書又各自獨立。本書的重點，在於清楚地表達製造所需的製圖各項必要資訊。對已閱讀過前一本書的讀者，可以很容易的進入圖面繪製的技巧：即使沒有閱讀過前一本書，本書的內容足以習得繪圖的必要專業知識。

筆者於30年前在日本留學的時候，曾經在一家辦公家具廠工讀，參與了東京巨蛋球場內部座椅的設計工作。雖然當時我還只是大學生，但因為能獨立繪製圖面，所以得到這份工作，也讓公司內部的設計師們，放心將所有工程圖的繪製工作交給我來完成。現在電腦繪圖相當發達，與當時的狀況有很大的不同，但基本的表達方式並沒有改變。這一點西村老師也特別提醒，使用電腦輔助設計(CAD)的讀者應注意，不要因為方便，而將不該畫剖面的元件或部位畫成了剖面圖。

　　雖然本書原來是以日文撰寫，但譯者非常努力的將內容翻譯成易讀的中文。值得一提的是，譯者為筆者擔任應用日語系系主任時的碩士生。她畢業之後一路成長，將所學貢獻於轉介日本相關技術。由於前一本書也是她翻譯的，相信這本書更能將西村老師的原意，清楚地傳達給國內讀者，從中獲得西村老師寶貴的實務經驗。

製圖是一種哲學理念，
產品應該透過嚴謹又縝密的圖面來製造

仁寶電腦集團創意中心 首席創意長／資深副總經理
陳禧冠

　　當我拜讀完這本《圖解工業製圖》的書稿時，著實有一種「終於有人看到問題的癥結點」的釋懷！話說，以當今突飛猛進的科技能力，任何非專業訓練的素人，都可以利用先進的3D列印機，製造出不需經過縝密驗證的人造物體；舉凡一般的家用品、兒童玩具，乃至食品，都可以隨意列印！無怪乎，全球瀰漫著一股不加思索的kickstarter*熱潮與文創淘金潮，結果市場上就充斥著禁不起考驗的無意義產品。且因創作的過程，均無需經過縝密嚴謹思考、邏輯驗證的步驟，於是產出的大多數物件，當然就毫無品質可言。甚至，傷害人體、或不符人因工程的垃圾產品，正大量面市。這些產品，最後無奈地均成為填海的垃圾材。這是我們及下幾個世代的創作者，必須面臨的職業道德與專業本質的考驗！科技愈是進步，造物者愈是必須戰戰兢兢，以無比嚴謹的創作態度與能力，來深度思索所創作的物體，其本質存在的真諦與意義。

　　本書雖是工業製圖教學的基礎內容，然而，就如藝術家一刀一筆、嫻熟且慢條斯理地勾勒出所欲表達的哲學理念，當工程師乃至設計師們，如能依本書確實而詳盡的嚴謹步驟來創作，我們所存在的地球，就會少一些不經深思熟慮而製造的污染產品。如果創作者們，都能懷著一顆對下一代的生存環境的關懷道德，那麼創作任何製品之基礎工程與美學之基底涵養，便是我們必備的本職學能。

* 編按：kickstarter係為一個設計創作的募資平台。

前言

獻給閱讀本書的各位讀者

這本書是為了剛學習繪製圖面的學生們、從事製造相關產業且初次繪製圖面的社會新鮮人、以及長時間學習但仍然摸不著頭緒的人所撰寫的。

我們身邊的文具用品、桌子、電腦、腳踏車、汽車等工業產品，全部都是繪製圖面後所製造的產品。以往這些圖面都徒手繪製，但是現在普遍都使用電腦來繪製 2D CAD 或 3D CAD 了。設計體制因為導入了這套 CAD（電腦輔助設計）軟體，所以設計業務得以分工。現在，需要專業知識的「計畫圖」一樣是由技術者繪製，不過，後續用於製造的「零件圖」與「組裝圖」，則是由設計助理負責繪製。

本書收錄、彙整的內容，對設計助理也很有助益。並且，考慮到有些讀者可能很少有機會學習圖面知識，本書特地捨棄難懂的專業用語，盡量以簡單明瞭的詞彙來說明。

圖面應具備的知識與技能

首先，圖面所需的必要知識，全部都會收錄在本書中。圖面大致上可分成「繪圖」作業與「閱圖」作業。「繪圖」作業由設計部門負責，而採購、零件加工、組裝調整、檢查、業務等各部門，則是進行「閱圖」作業。

前者的「繪圖」作業可細分為「設計」與「製圖」。「設計」作業，需要熟練地運用專業知識來思考新創意。當這個「設計」定案之後，就要繪製成簡單易懂的圖面。所以，轉以圖面呈現的步驟，稱為「製圖」作業；由於是繪製圖面，所以也稱為繪圖。由上可知，整個作業流程為「設計」→「製圖」→「閱圖」，本書把每個作業流程所需的知識與技能彙整在圖 0.1 中。「設計」需要材料知識、加工知識、機構學與材料力學、熱力學、流體力學之類的專業知識，這也是各位在工業高中、專業學校或大學工學院所學習的知識。

本書定位

　　另外，「製圖」必須具備把「設計」階段所決定的資訊，標註在圖面上的「JIS製圖規格的知識」，以及「準確且有效率的製圖技能」。使用CAD軟體時，也必須具有「操作CAD的技能」。有關這些知識與技能，本書綜整成以下兩點。

> 1）圖面規則依照JIS製圖規格
>
> 2）繪製圖面的訣竅

　　學了這些便可著手繪製圖面；也就是說，可以在紙上以2D平面呈現出3D的立體形狀，並且還能在圖面上標註物件的尺寸和公差等設計資訊。

　　本書內容著重於實務上能用的規格。若是要完整介紹JIS製圖規格，內容將會多上好幾倍；不過，其實實務上常用的規格相當有限。因此，本書將以書面圖示詳細地說明常用規格，其他規格暫且略過。此外，本書也會盡量介紹JIS製圖規格中沒有收錄、但實務上卻經常使用的規格。

　　實際上，有關舊制的JIS製圖規格，還有部分仍繼續延用，所以本書將結合現行的JIS製圖規格一起說明。

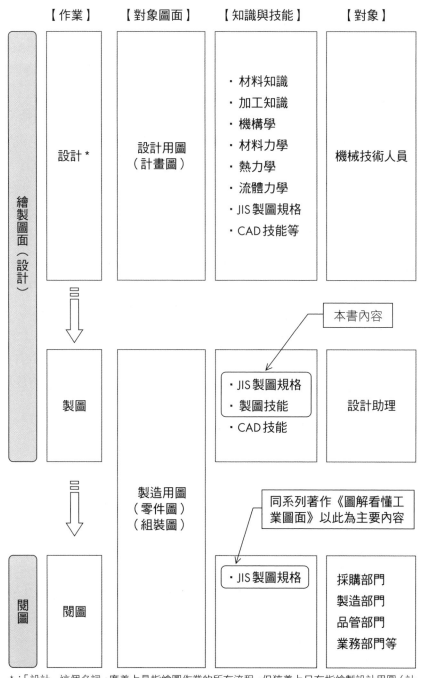

【作業】	【對象圖面】	【知識與技能】	【對象】

繪製圖面（設計）

設計 *

設計用圖（計畫圖）

・材料知識
・加工知識
・機構學
・材料力學
・熱力學
・流體力學
・JIS 製圖規格
・CAD 技能等

機械技術人員

本書內容

製圖

製造用圖（零件圖）（組裝圖）

・JIS 製圖規格
・製圖技能
・CAD 技能

設計助理

同系列著作《圖解看懂工業圖面》以此為主要內容

閱圖

閱圖

・JIS 製圖規格

採購部門
製造部門
品管部門
業務部門等

* :「設計」這個名詞，廣義上是指繪圖作業的所有流程，但狹義上只有指繪製設計用圖（計畫圖）。

圖 0.1　圖面應具備的知識與技能

JIS 規格與 CAD 的關係

　　繪製圖面的方法，從以前的徒手繪製，進化到現在使用電腦CAD軟體。不過，不論是 2D CAD 或 3D CAD，都是以本書即將介紹的 JIS 製圖規格為基礎。

　　雖然 2D CAD 從使用鉛筆徒手繪製，進化到如今使用電腦來處理，但這兩種方式所呈現的圖面，其實完全一致。另外，3D CAD 雖然是以立體形狀來呈現，但製造用的零件圖與組裝圖，也是用跟手繪或 2D CAD 一樣的圖面。本書介紹的 JIS 製圖規格，手繪與 CAD 皆適用，敬請安心學習。

第三角法與第一角法

　　第三角法與第一角法，是以平面呈現立體形狀的方法。第三角法是源自於美國的畫法，而第一角法則是起源於歐洲。日本的 JIS 製圖規格，為了適用於國際標準組織（ISO），除了運用第三角法以外，也可運用第一角法。不過，由於日本 JIS 規格的編號 JIS B 0001 當中規定了「基本上要以第三角法繪製」，再加上日本國內也都是運用第三角法，所以，本書內容將以第三角法為主。至於國外有些國家所採用的第一角法，本書將於第 3 章中為大家介紹。

本書所介紹的零件圖與組裝圖範例

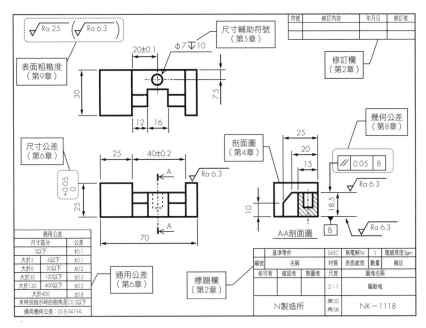

圖0.2　零件圖的範例

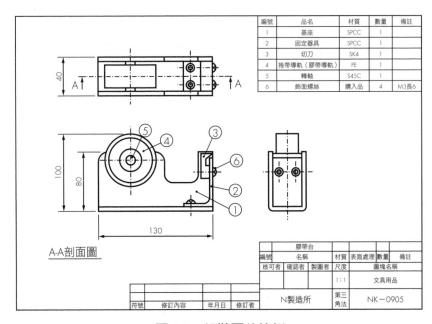

圖0.3　組裝圖的範例

閱讀本書的方法

首先，請大概翻閱一次，先掌握本書從頭到尾所編排的內容。請務必以「理解」的方式閱讀，不要「硬背」。

閱讀完第二次以後，若實務上需要再確認時，可翻找所需的頁數來重複確認。本書將竭盡所能地說明常用的規格與數值，希望有助於各位活用。經常反覆運用，就會愈來愈熟練。

目標是：（1）正確（2）明瞭（3）有效率地繪製圖面。只要達到這三點就能成為製圖者。

（1）是指以JIS製圖規格為基準；（2）代表不可繪製出複雜難懂的圖面；（3）尤其是企業競爭要以效率取勝，若繪圖速度太慢，可能會因此失去合作機會。因此，繪圖最重要的就是要依照這三點目標來繪製。

接下來，就讓我們一起學習吧！

給台灣的讀者

非常開心這本書能夠在自己很喜歡的台灣出版。繪製圖面是一件令人愉悅、也值得從事的工作，衷心希望這本書能夠為台灣讀者帶來幫助。

2018年 作者 西村仁

前言

第1章 認識繪圖的意義

圖面功能

圖面以JIS規格為基礎

繪圖專用的製圖機器

繪圖紙的結構

第 **3** 章 繪製立體圖面的方法

第4章 輔助視圖

第5章 尺寸標註規則

第 6 章 尺寸公差與軸孔配合公差（嵌合公差）

認識公差

第7章 實際標註尺寸

第8章 幾何公差

第9章 表面粗糙度（表面處理）

第10章 材料的標註方法

材料的標註採用符號

第11章 焊接的標註方法

焊接的種類

焊接符號

第 **1** 章

認識繪圖的意義

本章將可學習為何製造需要圖面、以及圖面功能等。然後,再確認JIS製
圖規格在製造方面的定位。最後,再個別介紹製圖機器 (Drafter) 與 CAD 的
特徵。

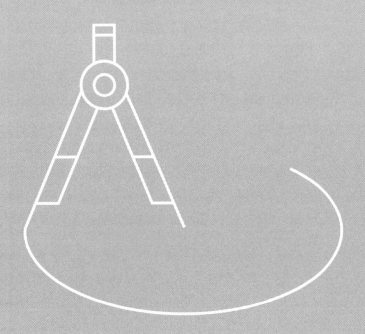

圖面功能

圖面目的

　　以前的製造業，都是工匠投入大把的時間與精力，一個一個親手製造完成。那個時代，工匠會記住所有必要的資訊，所以並不需要圖面。後來，現代化以後，轉變成大量生產的方式，作業變成分工模式，所以必須要把資訊傳遞給每個作業員。而這個傳遞資訊的手段，便是透過圖面。有了這個圖面，不論對象是誰，隨時都可以製造出相同的物件。

　　圖面的目的，綜整如下：

（1）可具體呈現腦海中的想法。
（2）容易將製圖者的想法確實傳遞給閱圖者。
（3）將資訊存檔保存。

整體製造流程與圖面之間的關係

　　製造的第一個步驟是企劃，這個階段是思考製造什麼樣的物件。舉凡製造新產品、改良市面上既有的產品，或者受到顧客委託製造的產品等，都包含在內。當決定好要製造什麼物件之後，構想階段就要更進一步的討論細節。例如要小型化時，那麼目標是幾公釐？又或者要改善操作性時，應該變更哪個部位較好等。此時要一邊描繪草圖，一邊決定形狀、大小、性能、成本、以及交期等具體數值。這項作業稱為「決定規格」，我們要在這個階段裡，規劃整體的製造日程以及預算、分工。當以上規格決定好以後，要轉換成圖面呈現。由於草圖是設計者自己要看的，所以可以自由描繪；相較之下，圖面必須讓閱圖者容易理解，因此要以JIS製圖規格為基準來繪製。

當圖面繪製完成以後，下一個步驟就是製造成形。製造現場必須比照圖面來進行加工、組裝、調整等作業，然後經檢查合格後才能開始銷售。還有，顧客進行保養時，也一樣需要圖面。從上述內容可得知圖面何其重要，因為製造從第一個階段起，一直到最後一個階段，都需要靠圖面來提供資訊（圖1.1）。

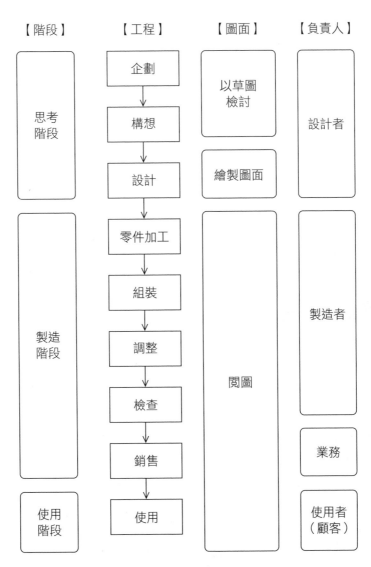

圖 1.1　整體製造流程與圖面之間的關係

分析繪圖作業

在解說完整體流程之後，讓我們更進一步地探討繪圖作業。首先，要先繪製設計用的計畫圖，然後再以此圖為基礎，來繪製製造用圖。簡單來說，設計用圖只能算是草稿或初稿而已，製造用的零件圖與組裝圖才是正式圖面。

在繪製計畫圖的階段，是以規格為基礎來檢討構造或機構。假設要使用驅動，就得考慮要用直線運動還是迴轉運動；驅動源是馬達驅動還是汽缸驅動；驅動傳動要採用連結機構（連桿機構）、凸輪機構、齒輪，或皮帶等哪種方式。當決定好整體結構以後，再來就是檢討加工零件的形狀、尺寸、材料，以及表面處理。有沒有更便宜的方法？能不能打造出不會故障的構造？操作性與安全性如何？容易組裝、調整或保養嗎？諸如這些問題，也都要一條一條仔細檢討，經過反覆修改後，計畫圖的完成度才會愈高。當計畫圖出爐時，等於已經決定了物件必須具備的三大要素：「品質、成本、交期」。雖然這個計畫圖幾乎是依照JIS製圖規格所繪製的，但零件尺寸與零件編號等並沒有標註出來。由於是設計用圖，所以只記錄設計者注重的內容，然後，再以完成的計畫圖為基準，繪製零件圖、組裝圖等製造用圖。

確認圖面的圖面審查作業

不論是徒手繪製的圖面，還是CAD圖面，都是由人類進行，因此難免會有錯誤發生。製圖者本人當然會自己檢查，但透過上司或同事等第三者的視點來看，更能預防錯誤發生。相較於設計者本人的邏輯，第三者更能以比較客觀的觀點來審查。因此，這個透過第三者來進行確認的作業，稱為圖面審查作業。萬一沒找出圖面缺陷，後續的加工工程、組裝工程以及最終檢查等，恐怕都會產生問題，屆時就要浪費大把的時間與成本來做修正。因此，即使審查圖面作業需要花費一點時間，但卻是個相當有意義的程序。「計畫圖的審查作業」，是針對規格、組裝性、操作性、安全面、保養面等，檢查設計上有無不妥；而「零件圖、組裝圖的審查作業」，則是確認圖面有無漏標尺寸或誤標尺寸等。

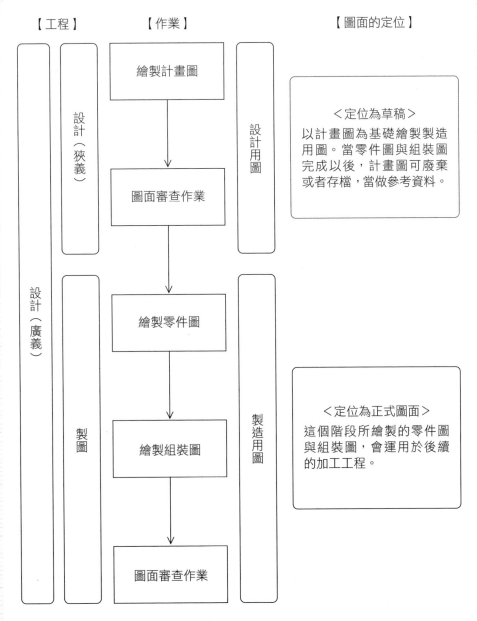

【工程】　　　　　　【作業】　　　　　　　　　【圖面的定位】

設計（狹義）

繪製計畫圖

設計用圖

<定位為草稿>
以計畫圖為基礎繪製製造用圖。當零件圖與組裝圖完成以後，計畫圖可廢棄或者存檔，當做參考資料。

圖面審查作業

設計（廣義）

製圖

繪製零件圖

製造用圖

<定位為正式圖面>
這個階段所繪製的零件圖與組裝圖，會運用於後續的加工工程。

繪製組裝圖

圖面審查作業

圖1.2　設計流程

第1章

認識繪圖的意義

圖面以 JIS 規格為基礎

日本的國家級標準：JIS 規格

　　既然要繪製圖面，就要盡量繪製成任何人都能看懂的圖面，因此，必須要有共通的規格。這裡所說的基本規格，便是日本工業規格。這個規格是日本國家級的標準，主要目的是為了使全體工業標準化。由於對象含括了全體工業，如表1.1所示，每個業種如土木、建築、一般機械、電子機器、汽車、鐵路等，都有個別制定，就連圖面的相關規則也包含在其中。JIS 是 Japanese Industrial Standards 的簡稱，直譯為日本‧工業‧規格。由於「日本工業規格」的名稱較長，所以實務上都簡稱為「JIS 規格」。雖然英文簡稱的「JIS」加上「規格」這兩個字，字義上重複顯得有點不自然，但因為制定 JIS 原案的日本經濟產業省（相當於我國的經濟部）是使用這個名稱，因此本書也一樣使用此名稱。在這個 JIS 規格中，製圖規格被記載於「B 一般機械」與「Z 其他」裡。JIS 規格為了簡化讀寫、適用於國際標準組織（ISO），且國際通用，每隔幾年就會修訂一次。(*編按：我國的標準稱為中華民國國家標準，其英文縮寫為 CNS (Chinese National Standard)。有關「工程製圖」標準的編號為 CNS3-B1001，全部內容分成 12 項。)

JIS 規格的目的在於標準化

　　所謂規格化，即是有規律的標準化。拿隨手可得的螺絲來舉例，螺絲不管何種廠牌、購買地點、年分，全部都可以通用，因為這些全都是依照 JIS 規格所製造的螺絲。假設廠商自己設計規格製造螺絲，那麼未來會帶來許多不便。圖面規則也是一樣，只要依照規則繪製圖面，就能在繪製或閱圖時帶來極大的好處。

---

* 基本上日本和台灣的製圖、閱圖邏輯相同，若細節處有不同於台灣CNS的標註方式，則以「編按」另做說明。

表 1.1　JIS 規格的分類

分類符號	類別	分類符號	類別
A	土木建築	M	礦
B	通用機械	P	紙漿和紙
C	電子和電氣機械	Q	管理系統
D	汽車	R	陶瓷
E	輕軌（鐵道）	S	日用品
F	船舶	T	醫療安全設備
G	鐵和鋼	W	航空
H	有色金屬（非鐵金屬）	X	資訊處理（信息處理）
K	化學	Z	其他
L	纖維		

舊制 JIS 規格的使用

　　JIS 規格一經修訂，就會帶來困擾。由於修訂前的圖面，都是遵循舊制規格所繪製，所以問題在於要不要把這些改成新制規格。不過，實務上並不需要做圖面的修正，因為要修正累積至今所繪製的大量圖面，負荷相當地重。為了減輕作業負擔，一般都只修正被判定必須更改的圖面。因此，以現況來說，實際使用的圖面，同時存在依照舊制規格所繪製的圖面、以及新制規格所繪製的圖面。舉例來說，代表表面粗糙度的表面粗糙度符號，曾經修訂數次，所以現在使用的 JIS 規格共有三種，包含上上一代與上一代 JIS 規格的符號，都仍繼續沿用中。

JIS 規格編號

　　雖然繪製圖面時不會特別留意JIS規格編號，不過，需要查詢詳細內容時，運用這個編號來檢索相當方便（表1.2）。本書將相關的JIS規格編號，彙整列出如下表。

表1.2　主要的JIS製圖規格編號

分類	規格編號	規格名稱	本書說明
基本	JIS Z 8310	製圖總則	全章
	JIS B 0001	機械製圖	
	JIS Z 8114	製圖—製圖用語	
	JIS Z 8311	製圖—製圖用紙的尺寸以及圖面樣式	第2章
	JIS Z 8312	製圖—線的基本原則	
	JIS Z 8313	製圖—文字	
	JIS Z 8314	製圖—尺度	
	JIS Z 8315	製圖—投影法	第3章
	JIS Z 8316	製圖—表現圖形的原則	第3、4章
	JIS Z 8317	製圖—尺寸以及公差的標註方法	第5章
	JIS Z 8318	製圖—長度尺寸與角度尺寸標註容許限度的方法	第6章
	JIS B 0021	產品的幾何特性規格—幾何公差的標註方法	第8章
	JIS B 0031	產品的幾何特性規格—表面性質的圖示方法	第9章
圖面符號	JIS Z 3021	焊接符號	第11章
特殊零件	JIS B 0002	製圖—螺絲以及螺絲零件	第12章
	JIS B 0003	齒輪製圖	
	JIS B 0004	彈簧製圖	

(* 編按：補充台灣的規格編號如下表)

總 號	類 號	名稱
CNS3	B1001	工程製圖<一般準則>
CNS3-1	B1001-1	工程製圖<尺度標註>
CNS3-2	B1001-2	工程製圖<機械元件習用表示法>
CNS3-3	B1001-3	工程製圖<表面符號>
CNS3-4	B1001-4	工程製圖<幾何公差>
CNS3-5	B1001-5	工程製圖<鉚接符號>
CNS3-6	B1001-6	工程製圖<熔接符號>
CNS3-7	B1001-7	工程製圖<鋼架結構圖>
CNS3-8	B1001-8	工程製圖<管路製圖>
CNS3-9	B1001-9	工程製圖<液壓系氣壓系製圖符號>
CNS3-10	B1001-10	工程製圖<電機電子製圖符號>
CNS3-11	B1001-11	工程製圖<圖表畫法>

併用公司內部規格

除了 JIS 規格以外，另外還有公司內部規格，這是以自家公司的需求為考量所擬定的規則。當想要獲取 JIS 規格之外的效果時，就可以使用這個公司內部規格。不過，如圖 1.3（b）所示，基本上還是要以 JIS 規格為主，只有其中一部分，需要在標註時併用公司內部規格。由於這個公司內部規格並不適用於其他公司，所以要提供圖面給公司以外的對象時，請務必說明公司內部規格。

（a）只有運用JIS規格時

（b）合併運用JIS規格與公司內部規格時

圖 1.3　運用製圖規格的規則

繪圖專用的製圖機器

製圖機

　　本篇介紹繪圖相關的製圖機器。製圖最簡便的方法，是在桌上放置繪圖紙，然後使用鉛筆、尺、量角器、圓規來繪製。當然，在張數少或者圖面不複雜時，並無不妥，不過，要是遇到張數多且圖面又複雜的話，效率就相當不好。

　　此時，可以使用圖1.4所示的用製圖板來繪製的製圖機。這台製圖機的機能，不僅能輕易繪出水平線或垂直線，任何角度也都能簡單設定，由於製圖效率極佳，長年以來一直受到顧客愛用。雖然現在改用CAD繪圖了，但製圖機還是有很多無法被取代的優點。詳細內容請翻閱本章後面的專欄介紹。

【照片來源】MUTOH ENGINEERING INC.

圖1.4　製圖機

CAD 系統

相較於用鉛筆手繪圖面的製圖機，現在大多都採用以電腦做為製圖機器的CAD系統（電腦輔助設計：Computer Aided Design的簡稱），即透過繪圖板，以鍵盤、滑鼠或繪圖筆繪製的系統。作業內容顯示於螢幕，需要轉換成書面資料時，可用影印機列印。CAD具有許多優點，條例如下：

1）可正確地繪製線或圓等圖形。

2）方便變更繪製好的圖形、或標註的尺寸等。

3）由於容易複製圖形，所以便於繪製類似形狀。

4）由於繪製圖形時，尺寸資訊會儲存於軟體中，因此將尺寸標註在圖面上時，就能自動標註。

5）以設計用的計畫圖來繪製製造用的零件圖與組裝圖時，因為可以使用複製機能，因此繪圖時相當簡單、方便。

6）用影印機列印時，可輕易地放大縮小。

7）用電子檔方便交換資訊。

8）可用電子檔形式保存。

由於CAD具有以上優點，所以製圖機器才從製圖機進化成CAD。不過，有一點千萬不可混淆，CAD系統充其量也只是輔助繪圖的「道具」而已，像設計這種創作性的作業，還是必須倚賴技術者執行。無論用製圖機還是CAD，設計與製圖知識都是不可或缺的。

製圖機的效果仍然不容忽視

還記得剛開始使用CAD時，筆者看到由計畫圖轉換成零件圖時所產生的顯著效果，感動不已。不過，即便如此，筆者還是認為製圖機有著相當迷人的優點，那得從學習設計技術的教育面來看。因為使用製圖機繪製計畫圖時，是採用A0或A1尺寸的方格紙，比照實物大小來繪製，所以能確實掌握到實際尺寸。還有，座位附近的前輩或上司，因為能很清楚地看到圖面，所以對於細節有什麼建議，就可以馬上提出。反之，也可以觀察鄰座前輩的工作安排、設計速度以及設計水準等，從中學習工作上每個階段的細節。換句話說，藉由製圖機來學習設計作業的所有過程，等於進行了效果顯赫的OJT（On-the-Job Training，也就是「在職訓練」）。

另一方面，由於CAD是顯示在螢幕上，所以會與實際尺度不同，不但難以掌握實際尺寸，從鄰座也不易看到設計，因此無法及時獲得前輩或上司給的實質建議。此外，也沒辦法偷偷觀摩前輩的設計。雖然到了審視圖面的階段，也能得到建議或指示，但是能從前輩或上司那裡學到的資訊量，相當有限。

經營者最煩惱的事，大多是年輕技術者的設計技能遲遲無法提升。探究其主要原因，難道不是因為使用了像CAD這種製圖機器的關係嗎？筆者認為有必要再重新審視一次教育效果。CAD對於能獨當一面的設計者來說，當然是相當優秀的製圖機器，在設計效率上，可以帶來相當顯著的效果。不過，對設計技能尚未熟練的新進員工而言，最好連計畫圖都讓他使用製圖機來設計比較好。

第 **2** 章

繪圖紙的結構

本章可以學習零件圖與組裝圖上所呈現的資訊內容，還有與製造用圖配套的零件清單。接著，也會介紹標註在繪圖紙上的尺寸、尺度、資訊等相關欄位，以及呈現圖形時所採用的線條種類。

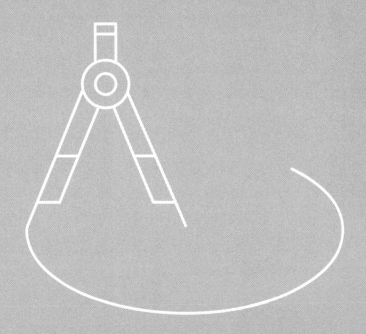

圖面的種類

設計用圖與製造用圖

前章已經介紹過，圖面依功能分類，可分成「設計用圖」與「製造用圖」。設計用圖是計畫圖，而製造用圖則是零件圖與組裝圖（又稱組合圖或組立圖）。由於計畫圖並不是要給第三者看的圖面，所以通常不會特別訂定圖面規則。不過，即便如此，在日本仍然有許多人會依照日本JIS規格來繪製，只是不會標示太過詳細的資訊而已。至於本章所介紹的零件圖與組裝圖，則是要讓第三者看的製造用圖。

零件圖

零件圖記載了製造產品時所需要的各零件資訊。其內容如下：

1）形狀（決定形狀）
2）尺寸（決定尺寸）
3）尺寸公差（對於決定的尺寸可以允許多少公差）
4）幾何公差（對於形狀或方位可以允許多少異常）
5）表面粗糙度（表面凹凸不平的程度）
6）使用材料（決定材料）
7）表面處理、熱處理（決定如何採取防鏽對策等）
8）圖號與品名、設計者名字等管理項目

第6）到第8）點，後續會填入說明圖面的標題欄內。

零件圖主要是以「一圖一件」的方式來繪製每個零件（圖2.1）。雖然也有以一張圖面繪製多個零件的「一圖多件」方式，但這種方式恐怕會衍生出以下問題：

（1）要在同一張圖面上繪製多樣零件時，因為所需的圖面尺寸較大，容易造成使用上的不便。（2）圖面上繪製多個零件時，容易導致零件加工過程中誤看風險。（3）圖面無法流用。

　　其中，以第三點「圖面的流用」最為重要。例如有一項產品是由10個零件所構成。當這項產品需要改良，且其中有8個零件要流用以前使用過的既有零件時，只要當時所採用的繪製方式為一圖一件，那麼就只要再多繪製2個新的零件圖面就好，至於流用的8個零件，通通都可以續用原來的圖面。這就是「圖面的流用」。反之，若當時的繪製方式是採用一圖多件，那麼這10個零件就必須全數重新繪製才行，設計效率會因此而大幅降低。基於以上理由，採用的方式普遍以「一圖一件」居多。

在一張圖面上
繪製一個零件

（a）一圖一件

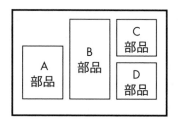

在一張圖面上
繪製多個零件

（b）一圖多件

圖2.1　「一圖一件」與「一圖多件」

指示零件位置的組裝圖

使用零件圖上所繪製的加工零件以及外購品時，可參考組裝圖來確認其組裝位置。

組裝圖應標示以下資訊：

1）成品的形狀（哪個零件如何組裝）。

2）成品的外型尺寸（尺寸有多大）。

3）需要特別注意的局部尺寸。

4）使用的加工零件圖號。

5）使用的外購零件品名、型式以及廠商名稱。

6）用來固定零件的螺絲種類。

由於每個零件的詳細尺寸，都已經標示在零件圖上了，因此組裝圖不必再重複標示，只需要標示組裝後的成品外型尺寸即可。

加工零件與外購零件

產品使用的零件，不見得全部都要採用加工零件。若必要的零件可從市面上購得，也可以直接購買使用（圖2.2）。例如螺栓、螺帽、彈簧、齒輪、軸承（Bearing）、馬達、汽缸等市售品。採用市售品的理由是快速明確：（1）因為製造廠商大量生產，所以成本會比自己製造的還低；（2）大部分都備有庫存品，所以交期會比較早。

購買市售品時不需要提供零件圖，但是關於品名、型式（規格）、廠商名稱以及購買數量等項目，則必須要盡量明確指示。關於這點，在本書後面的零件清單中會加以指示說明。

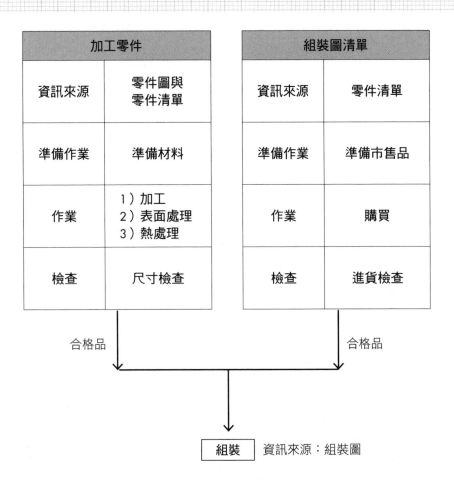

圖 2.2　加工零件與外購零件的組裝

與圖面配套的零件清單

　　「零件清單」必須與前面說明的零件圖、組裝圖配套。有的公司也會將此稱為「零件明細表」或「零件表」。可藉由零件清單得知，製造物件時該準備哪種零件、零件數量多少，以及要組裝、調整那些零件時該看哪個組裝圖等。其細項如下：

> 1）加工零件清單：加工零件的圖面編號、零件名稱、加工數量。
>
> 2）購入零件清單：購入零件的品名與型式、廠商名、購入數量。
>
> 3）組裝圖清單：組裝、調整時所需的組裝圖面編號，以及組裝圖名稱。

　　零件清單主要包含以上三個部分。由於 JIS 規格內並無規定零件清單的結構與撰寫方式，因此可自由設定。本書舉圖2.3的範例為大家說明。

加工零件清單		
圖面編號	部品名	數量
001	零件名稱支架	2
002	連接桿	1
003	轉板	2
004	基座	1
005	補強板	1

（a）加工零件清單

購入零件清單		
品名	型式	廠商數量
軸承	△△-○	A社 2
彈簧	□□-▽	B社 1

（b）購入零件清單

組裝圖清單	
圖面編號	組裝圖名稱
100	總組裝圖
101	A組裝圖
102	B組裝圖
103	C組裝圖

（c）組裝圖清單

圖2.3　零件清單（共三個部分）

多零件數量的組裝圖

　　當零件數量相當多時，很難用一張組裝圖完全呈現。舉例來說，據說汽車是由3萬件零件所構成。現實上，根本不可能用一張組裝圖就呈現這3萬件零件的位置關係。因此，對應的方法只有把物件拆分成幾個部位來分別呈現。

　　以汽車來說，可分成引擎部位、方向盤部位以及門的部位。細分成這些部位以後，零件數量就比較少，也比較容易呈現在組裝圖上。因此，繪製時要分別編輯引擎部位的組裝圖、方向盤部位的組裝圖、門部位的組裝圖，最後再對照汽車的整體形狀，以「總組裝圖」標示出這些組裝圖之間的位置關係。至於，要採用一張組裝圖呈現，或者要用總組裝圖呈現，其判斷依據，應以閱圖者容易理解的方式為優先，並且也要兼顧到繪製難易度才行。

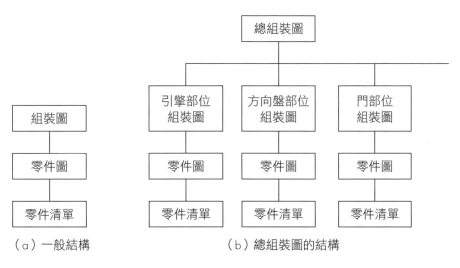

圖 2.4　圖面結構圖示

繪圖紙的結構

繪圖紙採用Ａ系列尺寸　　　　　　　　　　JIS Z 8311

　　有關紙張規格，分成ISO國際標準規格的Ａ系列尺寸（起源於德國），以及日本標準JIS規格的Ｂ系列尺寸（起源於日本）兩種。日常生活中的筆記本多數都採用Ｂ系列尺寸，但繪圖紙則採用Ａ系列尺寸。

　　至於尺寸大小，共有A0至A5這五種尺寸可選用。A0是最大的尺寸，其一半大小為A1，然後再分成一半則為A2，最小的尺寸是A4（圖2.5）。本書日文原書是A5尺寸，兩本原書合起來的大小（即2倍大小），即為A4尺寸。

尺寸分類	尺寸大小（mm）
A0	841×1189
A1	594× 841
A2	420× 594
A3	297× 420
A4	210× 297

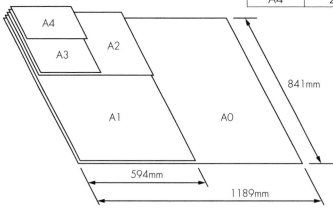

圖2.5　繪圖紙的尺寸

繪圖紙的列印方向

　　雖然使用的列印方向以橫向為主，但直向的A4尺寸也無妨，實務上也是採用直向的A4尺寸。因為這樣一來，影印的圖面就會跟存檔成A4的檔案同方向，非常方便。

（a）A0至A3的列印方向（橫向）　　　　（b）A4的列印方向（直向）

圖2.6　繪圖紙的列印方向

尺度的考量 　　　　　　　　　　　　　　　　　　　**JIS Z 8314**

　　實物要繪製成多大尺寸，是用尺度來表示，這是決定紙張大小的重要關鍵。尺度的基本原則是，描繪成與實物同尺寸。這稱為「全尺寸（足尺）」或「原尺寸」。

　　另外，實物小到很難繪製形狀或標註尺寸等資訊時，可放大處理。這個放大的比率，稱為放大比例尺（放大尺）。反之，實物太大時，要畫出相同尺寸就需要用很大張的繪圖紙，此時應該縮小來繪製。這個縮小的比率，稱為縮小比例尺（縮尺）。

尺度的標註方法

　　如表2.1所示，JIS規格中，有放大比例尺與縮小比例尺的參考尺度。因為只是參考用，所以也可以採用其他尺度。不過，由於這個參考尺度的比率比較均衡，所以實務上較常被運用。至於採用何種尺度，必須要標註在圖2.8所示的標題欄上。

　　標註尺度是採用「：」這個符號。全尺寸標註成「1：1」，放大比例尺且使用2倍的比率，標註成「2：1」；縮小比例尺且使用2分之1的比率，則是標註成「1：2」。

　　至於舊制的JIS規格是以分數的「/」表示。全尺寸標註成「1/1」，放大比例尺且使用5倍的比率，標註成「5/1」；縮小比例尺且使用5分之1的比率，則是標註成「1/5」。由於這種標註成分數的方式，感覺比較容易理解，因此現在也有公司採用，並將此納入公司內部規格。

表2.1　尺度

類別	含意	參考尺度		
放大尺	放大	50：1 5：1	20：1 2：1	10：1
全尺寸 （原尺寸）	與實物同尺寸	1：1		
縮尺	縮小	1：2 1：20 1：200 1：2000	1：5 1：50 1：500 1：5000	1：10 1：100 1：1000 1：10000

選擇圖面尺寸

　　圖面尺寸只要善用尺度，基本上都能夠達到「易懂且又是最小的圖面尺寸」的目標。因為圖面愈小，愈方便使用。

　　由於很難訂立A0至A4各個尺寸的選用基準，因此這裡條列出一般判斷的依據，以供參考。

1）基本上依照實物大小繪製全尺寸（1：1）的圖面。

2）養成盡量以A4或A3尺寸來呈現圖面的習慣。

3）當尺寸太大無法以A3完整呈現時，形狀簡單的物件可縮小成A3或A4。不過，形狀複雜的物件，因為需要增加尺寸標註或其他標註，所以不適合縮小成小尺寸。此時，即使圖面尺寸會因此而變大，也要以全尺寸呈現。尤其是組裝圖，因為零件或圖面編號等資訊量會變多，所以千萬不要勉強縮小。

4）小物件要以放大比例尺來放大繪製。此種狀況，多數會盡量放大成A4或A3尺寸。

印在繪圖紙上的線與欄位

　　繪圖紙上會事先印刷好以下三種框線，也就是外框線、標題欄與修訂欄。因為JIS規格並沒有規定外框線，所以可自由設定。不過，話說回來，要是設計者每次設計時都要從頭開始思考，那麼效率就會變差，因此，多數都是依照各公司的需求來設定外框線。手繪時，會使用印好框線的繪圖紙；而使用CAD時，因為已經設定好程式了，所以在螢幕上打開新頁面時，就會自動出現這三種框線。

外框線

　　外框線用來確保外邊界的空白空間。設置外邊界的空白空間，可讓圖面變得易懂，而且萬一不慎破損時，也可以盡量降低對圖面的影響。由於列印的圖面收納時，需要打孔裝訂成資料夾，所以設定空白空間時，要把這個打孔裝訂的位置列入考慮。至於空白空間應保留的大小，A0與A1大約為20mm以上，而A2、A3、A4則要確保有10mm以上。其中，特別要注意的是，不管是A0至A4中的任一尺寸，圖面的左邊一定都要先預留20mm以上的空白，做為裝訂空間。

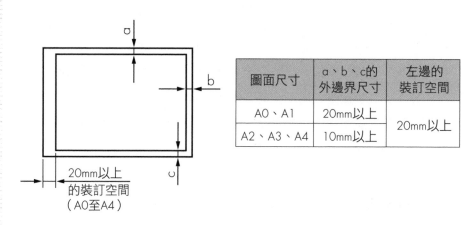

圖面尺寸	a、b、c的 外邊界尺寸	左邊的 裝訂空間
A0、A1	20mm以上	20mm以上
A2、A3、A4	10mm以上	

圖2.7　外框線與外邊界尺寸

標題欄

　　用來管理圖面的圖面編號與圖名稱等，全部都要記載在標題欄的欄位中。這個欄位的樣式可隨意設定，不過因為必須記載的項目都是既定的，所以用圖2.8的範例來舉例說明。應記載的項目有公司名稱、圖面編號、圖名、尺度、設計者姓名、核可者姓名、零件名稱、材質、表面處理、數量、備註欄等。標題欄的位置位於圖面的右下角。只要事先加以規格化，後續把圖面列印成A4尺寸（尺寸大於A4時可折疊保存）收納於資料夾時，即便存檔的圖面尺寸不一，右下角一定都會有標題欄，查閱起來比較容易。

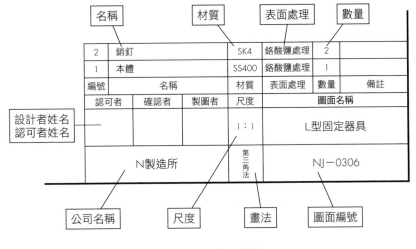

| 名稱 | | 材質 | 表面處理 | 數量 |

2	銷釘		SK4	鉻酸鹽處理	2	
1	本體		SS400	鉻酸鹽處理	1	
編號	名稱		材質	表面處理	數量	備註
認可者	確認者	製圖者	尺度	圖面名稱		
—			1:1	L型固定器具		
N製造所			第三角法	NJ－0306		

設計者姓名
認可者姓名

公司名稱　　尺度　　畫法　　圖面編號

圖2.8　標題欄

修訂欄

　　圖面完成後，發行給下一個工程的流程，稱為出圖。即使出完圖，有時候視需求，也會變更圖面內容。例如因技術性的對應，而必須變更尺寸或材質時，或者修正設計者標註錯的內容等。像這樣進行變更時，必須把修訂紀錄記載在圖面上。因為圖面不是只能使用一次而已，未來可以做為流用圖面，反覆運用於加工或組裝，所以確實記錄變更尺寸情形，是為了方便查詢什麼時候曾變更過加工物件的尺寸。

　　變更時，不需要完全塗掉重新標註，而是以斜線劃掉變更前的尺寸，把資訊保留下來。變更的地方要加註符號（A、B等英文字母或1、2等數字）。修訂欄的項目有符號、修訂內容、修訂年月日、修訂者姓名等。這個修訂欄的樣式也可以自由設定。一般來說，修訂欄的位置都設在圖面的右上角，或者標題欄附近（請參考下一頁的圖2.9）。

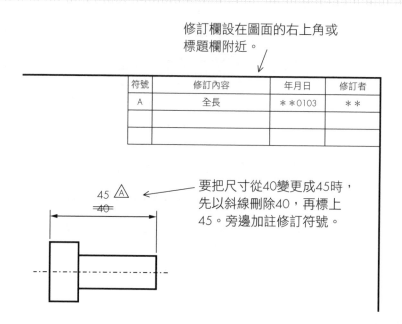

圖2.9 修訂欄

圖面正本與副本的使用

圖面的使用可分成正本與副本。正本是指原稿,副本是指影本。正本只有一份,不過副本可視零件加工或組裝調整時的需求,複印數份。

相較於嚴防髒污、謹慎保存的正本,副本只收納於方便取用的A4資料夾中。也就是說,A0至A3尺寸的圖面,一律都摺成A4般大小收納在資料夾中。還有,由於圖面副本是作業用的圖面,所以使用者可視本身需求來書寫筆記,或者用螢光筆加註記號。

零件加工用的圖面副本,通常會在加工完成且檢查合格後銷毀。因為圖面是機密,所以不可當做一般垃圾隨意丟棄,一定要以碎紙機裁切後,交給專門處理機密文件的廠商銷毀。

　　另外，因為組裝調整用的圖面，在作業完成後，還可能進行後續檢驗服務，所以最好暫時先歸檔保存一段時間後，再予以銷毀。

　　正本歸檔保存時不可折疊，因為折疊痕跡可能會影響複印時文字或線條的清晰度。當尺寸像A0或A1那麼大時，就要捲起來謹慎保管。還有，隨著CAD系統的普及，也有人把電腦內的電子檔當做正本。不過，要以紙本為正本，還是以電子檔為正本，是由公司決定，設計者不能自己決定。圖面正本與副本的關係如圖2.10所示。

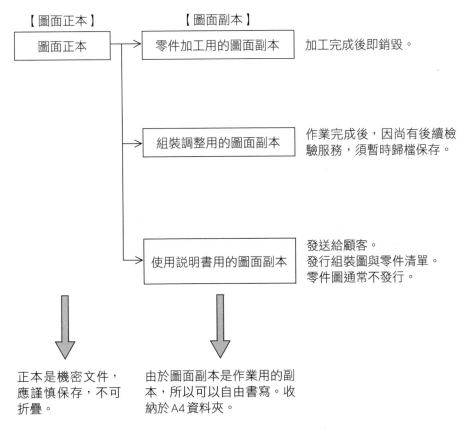

圖2.10　　圖面正本與圖面副本

文字和線條

圖面文字

　　JIS規格注重好不好讀，因此針對文字大小與文字字距，都有規定，不過，實務上並不需要太過在意這項規定。唯有一點必須注意的是，文字大小與文字字距要講求均衡。在日本文字使用上，漢字選用常用的漢字；至於假名，則是平假名或片假名擇一，不可混用。一般都是選用漢字與平假名，但此時若必須標註外來語，可以用片假名標註。

圖面說明

　　圖面內要書寫備註時，請遵循下列規則：

1）請簡潔扼要地條列出備註與說明。
2）使用常體不用敬體（此為日文語法）。
3）請橫向由左而右書寫。

　　以圖2.11舉例說明：

備註1）毛邊是0.1mm以下。
備註2）購入時塗上該公司指定的A劑。

圖2.11　　圖面說明範例

線的種類

標註圖形與資訊時所使用的線、如表2.2所示，依用途可分成八種。由於線分成許多種類，所以圖面看起來就比較易懂。關於線的細節，將在後續章節中詳加說明。

表2.2　線的種類

依用途分類的名稱	線的種類		線的用途
輪廓線	粗實線	————	呈現可見形狀。
尺度線	細實線（細線）（粗度為實線的一半）	———————	標註尺寸。
尺度界線（尺寸輔助線）			標註尺寸時，從圖形拉出的線。
指引線			標註敘述或符號時拉出的線。
隱藏線	粗虛線或細虛線	- - - - - - -	呈現不可見的形狀。
中心線	一點細鏈線（節線）	—·—·—·—·—	代表圖的中心。
假想線	兩點細鏈線（節線）	—··—··—··	代表連接其他零件、可動部位。
折斷線	不規則的曲折線	∿∿∿	代表物件省略掉或刪除掉一部分的界線。
切割線	運用一點細鏈線（節線），轉彎處與線的兩端加粗	⌐	剖面線（割面線）。
剖面線（割面線）	運用細線並有規律地排列	/////////	表示剖面圖的端切面。

備註：「隱藏線」可以用粗虛線或細虛線標註（不過，同一個圖面中只能擇一使用）。

線的粗細

線的粗細，分成極粗線、粗線、細線等三種類型。粗細比率定為4：2：1。此外，線的粗度可以從0.13mm、0.18 mm、0.25 mm、0.35 mm、0.5 mm、0.7 mm、1 mm、1.4 mm、2 mm，共九種粗度當中擇一使用。

實務上來說，由於極粗的線只適用於特殊場合，因此多數只採用粗線與細線這兩種。市售的自動鉛筆，粗的通常是0.5mm、細的則為0.3mm。不過，採用CAD設計時，只要指定線的種類，就會自動設定粗細，所以不需要手動選擇。

線重疊時的優先順序

同一個位置上需要重疊繪製兩種以上的線時，該畫哪一種線才好？此時，要遵循線的優先順序。

優先程度由高至低依序為①輪廓線、②隱藏線、③切割線、④中心線、⑤尺度界線。

意思是說，當輪廓線與隱藏線在同一個位置上互相重疊時，就要以畫輪廓線為優先。

第 **3** 章

繪製立體圖面的方法

本章可以學習繪製物件形狀的第三角法。雖然這是圖面學習中的一道關卡，但只要掌握住物件正前方的視點，就一點也不難了。此外，也可以學習圖形上三種線條的用法。

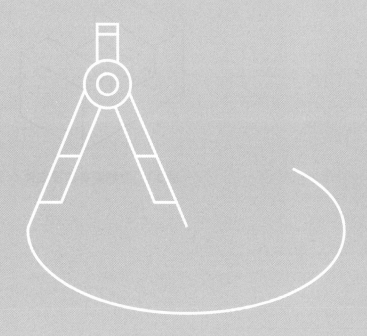

立體視角

圖面是將三次元轉換成二次元的手段　　JIS Z 8315、8316

　　立體是指三次元，物件要在紙張上以二次元的平面呈現，可分成「斜面」與「正面」這兩個視角。「斜面視角」是立體圖，而「正面視角」則是本章節將介紹的第三角法。說明到這裡，想必大家一定有疑問：為何不採用一個圖面就能夠理解的立體圖，而要採用必須另外學習的第三角法呢？

為何第三角法比立體圖受用

　　直覺上來說，立體圖當然比較容易理解。不過，這個理解有前提條件。舉例來說，以立體圖來理解下圖的圖3.1，前提條件就是看不見的底面、背面、以及左邊側面，都必須沒有加工才行。萬一這三個面的其中一面有加工，那麼從這個立體圖來看，並無法獲得任何加工資訊。

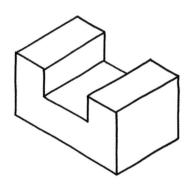

圖3.1　立體圖有前提條件

假設底面有加工，那麼就必須增加如圖3.2所示的內側視角立體圖。換句話說，當物件形狀像此圖一樣複雜時，恐怕得繪製好幾張立體圖，才能完全理解。

其他立體圖的缺點，還包含用了很多斜線。圖面若只有水平線與垂直線，就可以只標註長度就好。但是有斜線時，除了標註長度以外，還必須加註上角度才行。只畫一、兩條斜線並不會造成負擔，不過，使用好幾條斜線所構成的立體圖，肯定會造成設計上很大的負擔。還有，因為視角關係，立體圖繪製圓孔時必須畫成橢圓形，所以也有造成閱圖者難以分辨到底是圓形還是橢圓形的缺點。如上所述，這個乍看之下好像很方便的立體圖，其實有不少缺點。

缺點1) 看不見的面若有加工，則必須增加立體圖。
缺點2) 斜線多，不好繪製。
缺點3) 立體圖上很難標註尺寸等資訊。
缺點4) 看不見的面無法標註表面粗糙度等資訊。

為了解決立體圖的這些問題，我們才要學習後面即將介紹的「正面視角」。

從立體圖上很難理解這個孔是圓形還是橢圓形。

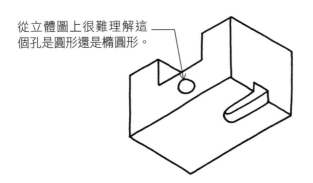

圖3.2 必須要有不同視角的立體圖

正面視角

接著，說明第三角法最基礎的「正面視角」。從正面視角看，把看到的圖形如實繪製出來（圖3.4和圖3.5）。

步驟1） 準備想繪製的物件，在正面平行放置透明玻璃板。

步驟2） 自己站在玻璃板的正面，從正前方隔著玻璃板觀察物件。

步驟3） 把所見如實地繪製在玻璃板上。

步驟4） 將玻璃板上的線依樣描繪至紙上，便成為正面視角所見的圖形。

此時，最重要的是務必要從正前方看。因為只要視線稍微偏差，就會形成斜面視角，變成立體圖（圖3.3）。為了使玻璃板上的圖形尺寸與物件的實際大小相同，所以看的時候，眼睛位置不能太靠近玻璃板，要從有點距離的地方觀察才行。

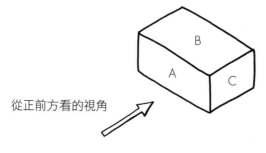

從正前方看的視角

· 從斜面視角看，可以看到左邊立體圖上的A面、B面、C面這三個面。

· 從正面視角看，只能看到A面，看不到B面跟C面。

圖3.3　正面視角

步驟1）在物件前面平行放置透明的玻璃板。
步驟2）從正前方看。

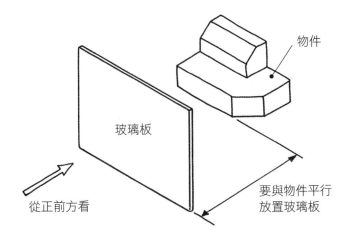

玻璃板

物件

從正前方看

要與物件平行
放置玻璃板

圖3.4　在物件正面放置玻璃板

步驟3）在玻璃板上描繪所見。

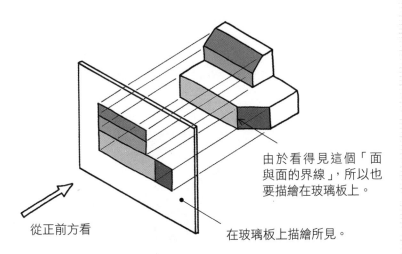

從正前方看

由於看得見這個「面
與面的界線」，所以也
要描繪在玻璃板上。

在玻璃板上描繪所見。

圖3.5　將所見描繪在玻璃板上

視角也要包含右側面與正上方

上一頁的正面視角，頂多也只能呈現出正面形狀。因此，還要補充其他視角的形狀，一樣是用玻璃板描繪。接著，組合各個視角所描繪的圖形，就能呈現出物件的整體形狀了。以下是右側面視角與正上方視角（圖3.6和圖3.7），描繪的步驟，與描繪正面視角時相同。

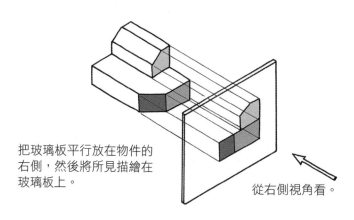

把玻璃板平行放在物件的右側，然後將所見描繪在玻璃板上。

從右側視角看。

圖3.6　右側面視角

從正上方的視角看。

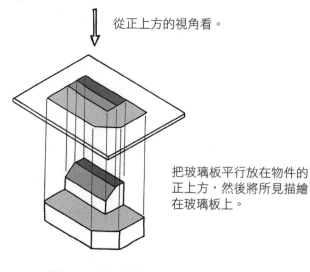

把玻璃板平行放在物件的正上方，然後將所見描繪在玻璃板上。

圖3.7　上方視角

即使圓形也一樣

　　即使物件形狀不是方形而是圓形（以下統稱為軸形），其步驟都相同，一樣要描繪三個視角的圖形（從圖3.8至圖3.10）。

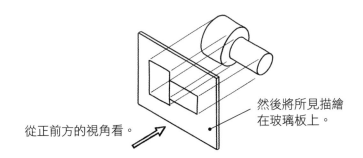

從正前方的視角看。

然後將所見描繪
在玻璃板上。

圖3.8　正面視角

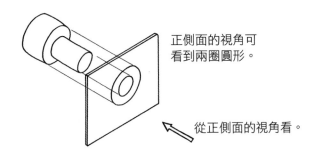

正側面的視角可
看到兩圈圓形。

從正側面的視角看。

圖3.9　右側面視角

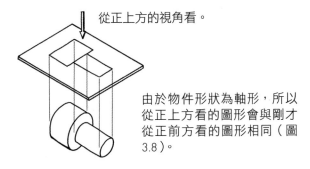

從正上方的視角看。

由於物件形狀為軸形，所以
從正上方看的圖形會與剛才
從正前方看的圖形相同（圖
3.8）。

圖3.10　正上方視角

輪廓線、隱藏線與中心線

輪廓線（粗實線）　　　　　　　　　　　　　　　JIS Z 8312

　　本篇我們不談製圖方法，先帶大家認識三種線，那就是輪廓線、隱藏線與中心線。第一種輪廓線，是大家看圖形時最容易忽略的線。不只外形，面與面的境界或孔等，所有眼睛能直接看到的部位，都以輪廓線呈現。輪廓線是採用「粗實線」。相較於「粗實線」，另外也有「細實線」，也稱為細線。細線用來標註尺寸數值，第5章會有應用說明。通常粗實線約為0.5mm粗，細實線（細線）約為0.3mm粗。

隱藏線（虛線）

　　接著第二種重要的線是隱藏線。隱藏線與輪廓線為對稱關係，輪廓線是呈現眼睛能看到的部分，而隱藏線則是運用透視原理，呈現眼睛無法直接看到的部分。因為這是原本看不到的線，故稱為隱藏線。

　　隱藏線採用「虛線」。虛線是隔著小間隔所排列而成的短線。雖然可以採用「粗虛線」或「細虛線」，但同一個圖面中只能擇一使用。實務上常用的是「細虛線」。首先，介紹形狀簡單的立體圖。圖3.11的左欄只有實線，右欄則併用了隱藏線。基本畫法要與右欄一樣，將隱藏線描繪出來。

形狀	只描繪實線	描繪實線與隱藏線
方形	實線	實線　　　隱藏線
軸形	實線	實線　　隱藏線

圖3.11　實線與隱藏線

如圖3.12所示，要描繪投射在玻璃板上時，眼睛能直接看見的線畫實線；眼睛不能直接看見的線，則以隱藏線描繪。

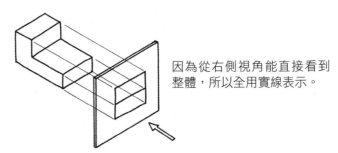

因為從右側視角能直接看到整體，所以全用實線表示。

（a）右側視角看到的都是實線

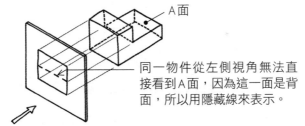

A面

同一物件從左側視角無法直接看到A面，因為這一面是背面，所以用隱藏線來表示。

（b）左側視角需要描繪隱藏線

圖3.12　描繪隱藏線

中心線（一點細鏈線）

接下來說明中心線。中心線採用「一點細鏈線（節線）」。一點細鏈線，是指線和點交互排列而成的線，用於下列三種情況。

1）呈現圓的中心點（圖3.13和圖3.14）。
2）呈現中心軸（圖3.13和圖3.14）。
3）呈現上下左右皆對稱的中心點（圖3.15）。

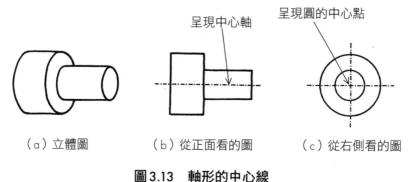

呈現中心軸　　呈現圓的中心點

（a）立體圖　　（b）從正面看的圖　　（c）從右側看的圖

圖3.13　軸形的中心線

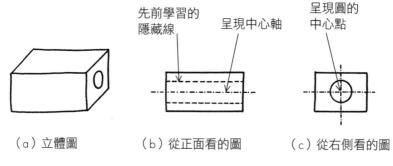

先前學習的隱藏線　呈現中心軸　　呈現圓的中心點

（a）立體圖　　（b）從正面看的圖　　（c）從右側看的圖

圖3.14　圓孔的中心線

由於是對稱形狀，因此
以中心線呈現對稱軸。

呈現對稱軸。

（a）使用中心線的範例

由於不是對稱形狀，
所以不描繪中心線。

（b）不用中心線的範例

圖3.15　對稱形狀的中心線

以下，將這三種線彙整如表3.1。

表3.1　輪廓線、隱藏線與中心線

依用途分類 的名稱	線的種類		定義
輪廓線	粗實線	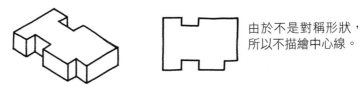	連續線
隱藏線	粗虛線或者 細虛線	4～6 1～1.5	隔著小間隔所排列 而成的短線
中心線	細一點的 細鏈線	8～12 4～6	線和點以一定間隔 交互排列而成的線

備註：粗線約為0.5mm，細線約為0.3mm。

學習第三角法

以玻璃箱蓋住物件後觀察各視角

關於觀察物件的視角，本書中介紹了正面視角、側面視角、正上方視角，共三個方向。有別於之前的個別說明，這裡做個綜整。從本章節開始正式說明第三角法，之前的範例是使用玻璃「板」，這次準備的是玻璃「盒」。

步驟1）　玻璃盒從物件上方往下蓋住。

步驟2）　分別從正面、右側面、正上方的方向看，並在玻璃板上描繪出所見。

步驟3）　描繪完成後將玻璃箱拆開。固定正面的那一塊玻璃板，然後攤開側面與正上方的玻璃板。

步驟4）　在紙上照樣描繪出玻璃板上的線，便大功告成。這就是以第三角法所繪製的圖面。

那麼，以下為實際操作的範例（圖3.16至圖3.20）。這裡我們沿用之前舉例的形狀做為範本。

步驟1）玻璃盒從物件上方往下蓋住。

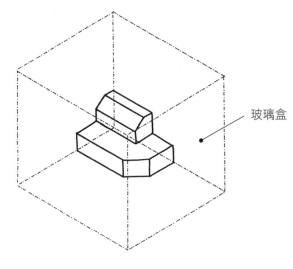

玻璃盒

圖3.16　**用玻璃盒蓋住**

步驟2）分別從正前方、右側面、正上方的方向看，並在玻璃板上描繪出所見。

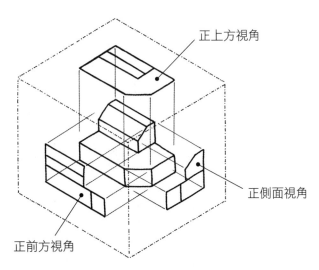

正上方視角

正側面視角

正前方視角

圖3.17　**在玻璃盒上描繪所見**

步驟3）攤開玻璃盒。

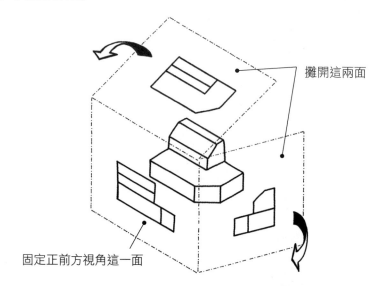

攤開這兩面

固定正前方視角這一面

圖3.18　攤開玻璃盒

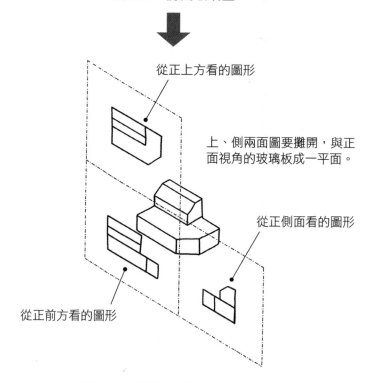

從正上方看的圖形

上、側兩面圖要攤開，與正面視角的玻璃板成一平面。

從正側面看的圖形

從正前方看的圖形

圖3.19　攤開玻璃盒成一平面

步驟4）在紙上照樣描繪出玻璃板上的線，便大功告成。這就是以第三角法所繪製
的圖面。

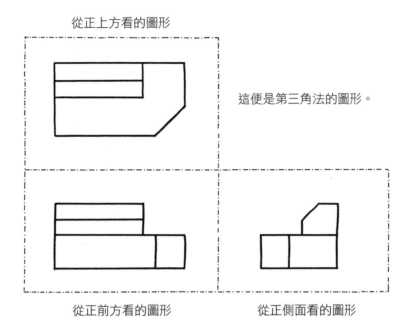

從正上方看的圖形

這便是第三角法的圖形。

從正前方看的圖形　　　　從正側面看的圖形

圖3.20　第三角法完成圖

嘗試描繪六個面

　　前面的範例著重在立體圖形中的三個視角。接下來，試著描繪六個視
角看看。以下增加正下方視角、左側面視角、背面視角這三個方向。步驟
與之前相同，也是用玻璃盒蓋住，然後從這六個視角觀察（下一頁的圖
3.21）。

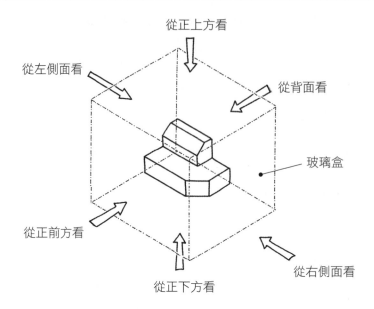

從正上方看

從左側面看

從背面看

玻璃盒

從正前方看

從正下方看

從右側面看

圖3.21　從六個視角看

執行剛才的步驟1）到步驟3）後，便形成圖3.22與圖3.23。

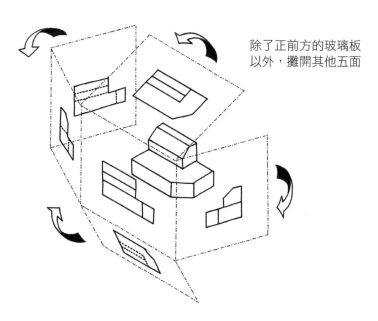

除了正前方的玻璃板
以外，攤開其他五面

圖3.22　攤開玻璃盒

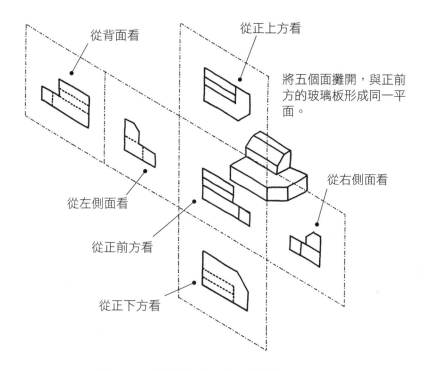

圖3.23　攤開玻璃盒成一平面

步驟4）要在紙上照樣描繪出玻璃板上的線，如圖3.24所示。

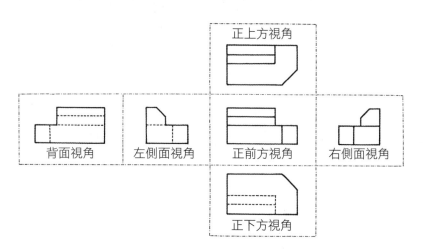

圖3.24　攤開玻璃盒後的圖

圖面名稱

首先，先確認這六個視角的圖形名稱。

從正面看的圖稱為正視圖（前視圖），從橫向看的圖稱為側視圖。其中，由右側看的圖稱為右側視圖，而由左側看的圖則稱為左側視圖。然後，從下面看的圖稱為仰視圖（下視圖），從背面看的圖稱為後視圖。這些名稱不需要刻意背誦就能理解。

不過，要注意從上方看的圖，這種圖稱為平面圖。光看這個名稱可能不容易理解，所以也經常被稱為俯視圖（上視圖）。

省略類似的圖

接著，請仔細看上一頁的圖3.24。只要仔細看一定能發現，裡面有相似的圖。首先，從正上方看的俯視圖（上視圖）與從正下方看的仰視圖（下視圖），是上下對稱。然後，從右側看的右側視圖與從左邊看的左側視圖，是左右對稱。同樣地，從正面看的正視圖（前視圖）與從後面看的後視圖，也是左右對稱。

雖然圖面上有一部分是不同的實線與虛線，但圖形卻完全一樣。這麼一來，對稱的圖只要有其中一個，就足以理解了，不需要再描繪另一個對稱的圖（圖3.25和圖3.26）。

如上所述，圖面規則是「以確實傳達資訊給閱圖者為前提，用最簡潔扼要的圖面呈現」。所以，重點是「不需要描繪類似的圖」。

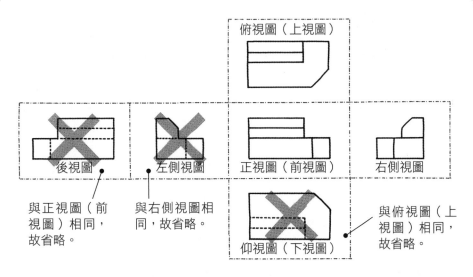

後視圖

左側視圖

正視圖（前視圖）

右側視圖

俯視圖（上視圖）

仰視圖（下視圖）

與正視圖（前視圖）相同，故省略。

與右側視圖相同，故省略。

與俯視圖（上視圖）相同，故省略。

圖3.25　不需要描繪類似的圖

簡潔扼要地濃縮成三視圖。

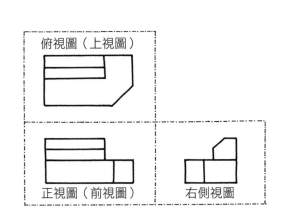

俯視圖（上視圖）

正視圖（前視圖）

右側視圖

圖3.26　以三視圖呈現

繪製立體圖面的方法

為何不需要描繪類似的圖

　　這一點應該與我們日常生活中的認知不同。通常我們要傳達難懂的資訊給友人時，為了得到充分理解，一般都會舉很多例子來說明。另一方面，雖然圖面的目的也是為了讓閱圖者理解，但當一張圖面就足以讓人理解時，就絕對不需要再描繪多餘的圖。其理由可從繪圖者與閱圖者這兩個立場來說明。首先，先看看繪圖者的立場。

　　設計是相當講究效率的作業。要是慢條斯理地設計，何時才能夠完成物件？為了在競爭激烈的業界中成長，絕對不容忽視效率性。所以，在這種環境下，根本不需要花費心力去描繪多於的圖面。嚴格說起來，這是一種浪費時間的行為。

　　另外，從閱圖者的立場來看，也是簡潔扼要的圖面比較容易懂。舉例來說，明明透過一張圖面就能完全理解，卻要多畫幾張，感覺就很囉嗦。而且，一旦圖面張數增加，圖面尺寸也會跟著變大，使用上就會比較不便。由上述理由可得知，當使用一張圖面就足以讓人理解時，就「絕對不要再描繪第二張類似的圖」了。

選圖的判斷基準

　　如何判斷應該留下哪一個視角的圖？其實這是有判斷基準的。

　　判斷基準就是選用實線較多的圖面，因為虛線多的圖面不易解讀。以剛才的圖 3.25 來舉例，由於後視圖、左側視圖、仰視圖（下視圖）使用虛線，不易解讀，所以不需要描繪這些圖面。

盡量減少圖面張數

　　將以上內容彙整，即為「以確實傳達資訊給閱圖者為前提，用最簡潔扼要的圖面呈現」。也就是說，圖面張數只要保持必要的最少張數即可。最理想的是用一張圖面，就足以讓人理解的一視圖。實務上，一視圖也很常用。例如軸形或板金形狀，只要善用將於第5章說明的輔助符號，就能以一張正視圖來完整呈現。要是一視圖不夠詳細，就選用二視圖、三視圖……總之，只要描繪必要的張數即可（圖3.27）。一般來說，很多情況都是透過正面視角、側面視角、正上方視角，這三張圖就能夠理解，所以三視圖相當常用。

　　這裡稍微離題一下，第三角法的「三」與三視圖的「三」意思不同。第三角法的三並沒有特別含意，只是順著第一角法依序命名而已。但是，三視圖的三則是指有三張圖面的意思。請參考下一頁的範例說明。

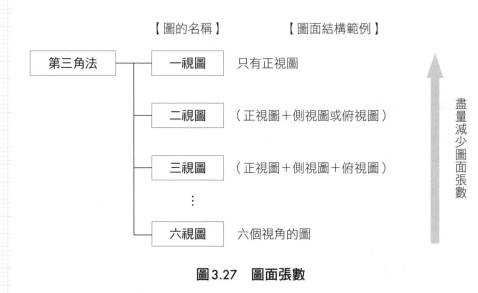

圖3.27　圖面張數

範例：一視圖

圖3.28是使用直徑符號∅的一視圖範例。∅這個符號，請參考第5章輔助符號說明。

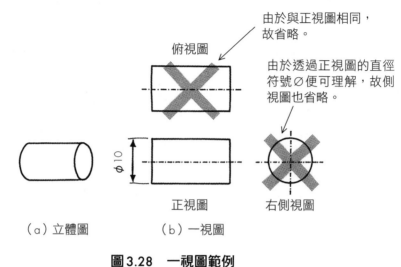

圖3.28　一視圖範例

範例：二視圖

圖3.29是不需描繪俯視圖也能理解的範例。

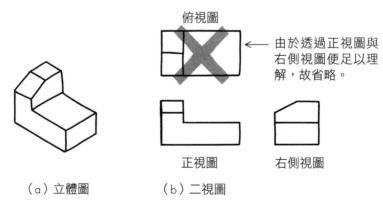

圖3.29　二視圖範例一

下面的圖3.30是不需要右側視圖的範例。

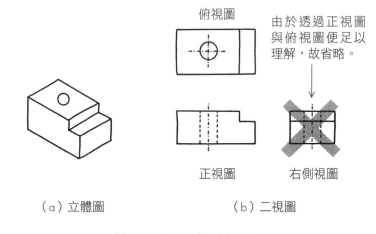

俯視圖

由於透過正視圖
與俯視圖便足以
理解，故省略。

正視圖　　　　右側視圖

（a）立體圖　　　　　（b）二視圖

圖3.30　二視圖範例二

範例：三視圖

以下補充說明三視圖。本書到目前為止所舉的範例，是正視圖、右側視圖、俯視圖等結構，不過，這三種視角以外的圖面也可以運用。例如，當左側視圖比右側視圖還容易理解時，就可以省略右側視圖。要留下哪一個視角的圖，可視情況隨機應變（圖3.31）。

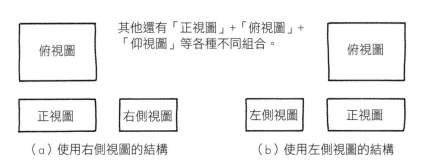

俯視圖

其他還有「正視圖」+「俯視圖」+
「仰視圖」等各種不同組合。

俯視圖

正視圖　　右側視圖　　　　左側視圖　　正視圖

（a）使用右側視圖的結構　　　　（b）使用左側視圖的結構

圖3.31　三視圖結構範例

範例：四視圖

對於透過三視圖仍難以理解的形狀，就要備齊必要的圖面，不得省略。如圖3.32所示，當物件底部有進行加工時，併用仰視圖會使人較容易理解，因此，這時候要以四視圖呈現。

本範例的俯視圖與仰視圖，原本都有描繪出其背面的隱藏線（虛線），不過因為此時實線與虛線的位置重疊，不好讀取，所以一般都省略隱藏線。

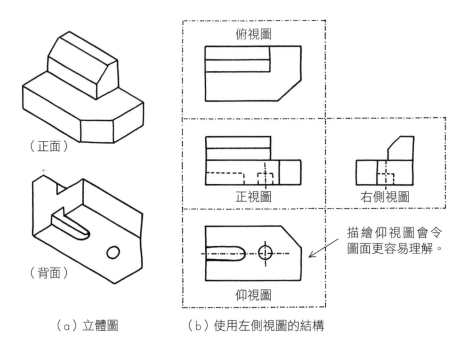

（a）立體圖　　　　（b）使用左側視圖的結構

圖3.32　四視圖結構範例

不同圖面配置法的第一角法

　　如同本書「前言」所介紹的內容，JIS規格同時規定了第三角法與第一角法。第一角法除了日本以外，有些國家也會使用，這裡先介紹第一角法的重點。第三角法與第一角法的圖面配置不同，從圖3.24這個範例便可得知，俯視圖與仰視圖、以及右側視圖與左側視圖的配置，都不一樣（圖3.33）。因此，標題欄內要填入規定符號，將圖面使用的製圖法標註清楚才行。標註方式可選擇填入符號，或者乾脆以文字明確寫上「第三角法」。不過，由於日本都採用第三角法，所以有時候並不會特別標註。

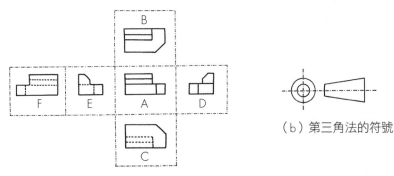

（a）第三角法（與圖3.24相同）

（b）第三角法的符號

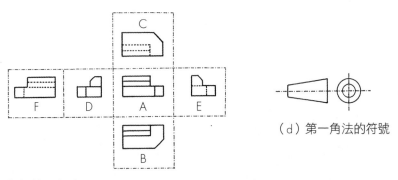

（c）第一角法

（d）第一角法的符號

圖3.33　第三角法與第一角法的差異

描繪圖形的步驟

描繪圖形的前置作業

描繪圖形之前的前置作業，彙整如下。

1）決定採用哪一面當正視圖。
2）決定採用幾個視圖。
3）決定尺度。
4）決定繪圖紙的大小。

首先要決定正視圖

正視圖必須是最能呈現出物件形狀的那一面。因為選擇最具特徵的面做為正視圖，就可以像剛才說明的一樣，盡量減少圖面描繪張數。然後，圖面對於正面的認知，與日常生活中的認知不同。舉例來說，汽車或公車等是以前進方向（車頭燈的那一面）做為正面，但圖面則是以車門的那一面為正面。因為相較於資訊較少的車頭燈那一面，從車門那一面可獲取二門或四門、轎車、跑車或旅行車等各種資訊（圖3.34）。

（a）日常生活中的正面　　　　　（b）圖面上所謂的正面

圖 3.34　正視圖

不過，實務上不一定能實踐這套規則。因為完成品的正面，不見得就會等於構成零件的正面，所以用計畫圖來編輯零件圖時，完成品的正面，最好是比照零件正面來畫，這樣製圖效率會比較好。

思考必要的圖面張數與尺度

決定好用哪一面當做正視圖後，接著就要決定採用幾個視圖。基準是「以確實傳達資訊給閱圖者為前提，用最簡潔扼要的圖面呈現」。以此基準決定好採用的圖面張數以後，接下來就要開始確認每個圖的外形尺寸了。因為此時會知道整體大小，所以接著要確認，當尺度採用全尺寸（1：1）時，繪圖紙該選用A系列的哪個尺寸較好（圖3.35）。倘若經選擇後，發現是尺寸較大的A1、A2尺寸時，可檢討是否採用縮小比例尺（縮尺）來縮小成A3大小。但是，因為複雜圖形或組裝圖用縮小比例尺（縮尺），會變得不好讀取，所以要改採大的圖面尺寸來對應。選用繪圖紙的方法請回顧本書第2章中的「選擇圖面尺寸」。

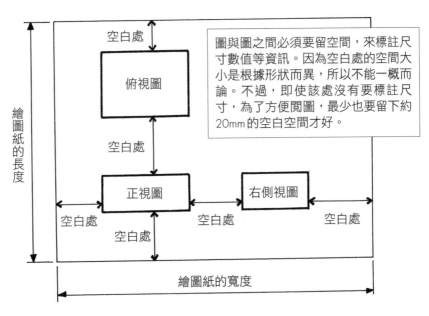

圖3.35　決定繪圖紙的大小

徒手描繪線的方法

決定好必要的圖面張數、尺度、以及繪圖紙的尺寸以後，請依照下列步驟來繪製圖形（圖3.36與圖3.37）。

1）思考圖面配置，畫基準線當做作圖線。
- 作圖線決定各圖的配置位置（圖①）。
- 作圖線採用細實線（細線）。
- 圖與圖之間應保留適當的空白空間，以方便標註尺寸。

2）從正視圖開始畫，首先畫出輪廓線（圖②）。
- 從最具特徵的正視圖開始畫線。
- 輪廓線採用實線。

3）外形畫好以後，接著描繪內部的線。
- 先畫內部的線（圖②），再畫隱藏線（虛線）（圖④）。
- 畫圓形時，要先畫中心線決定中心位置，然後才以實線畫出圓形（圖③與圖④）。

4）正視圖完成以後，開始著手描繪其他視角的圖。
- 同樣地要先描繪出外形後，再畫內部線條。
- 尤其是內部線條，因為內部線條可透過剛才描繪的正視圖來決定位置，故可善加利用（圖⑤與圖⑥）。

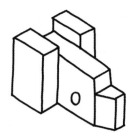

圖3.36　用來示範畫法的樣品模型

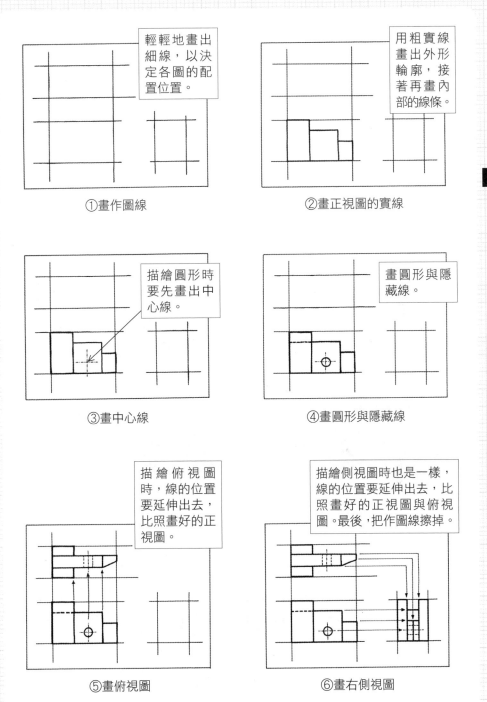

① 畫作圖線 —— 輕輕地畫出細線，以決定各圖的配置位置。

② 畫正視圖的實線 —— 用粗實線畫出外形輪廓，接著再畫內部的線條。

③ 畫中心線 —— 描繪圓形時要先畫出中心線。

④ 畫圓形與隱藏線 —— 畫圓形與隱藏線。

⑤ 畫俯視圖 —— 描繪俯視圖時，線的位置要延伸出去，比照畫好的正視圖。

⑥ 畫右側視圖 —— 描繪側視圖時也是一樣，線的位置要延伸出去，比照畫好的正視圖與俯視圖。最後，把作圖線擦掉。

圖3.37　畫線的先後順序

用CAD畫線的方法

採用CAD時就如圖3.38所示，一開始要大致畫出外形與內部的作圖線。因為這些作圖線可以在螢幕上顯示圖面整體，讓各圖面的位置關係一目了然，所以相當方便。還有，當畫完輪廓線與隱藏線以後，只要一個按鍵即可清除作圖線，這也是CAD的優點之一。

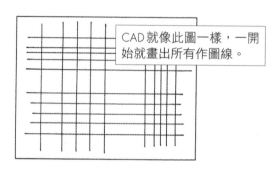

CAD就像此圖一樣，一開始就畫出所有作圖線。

圖3.38 CAD圖面的作圖線

畫中心線的方法

畫中心線時，線要延長拉出圖形外約5至10mm。太短或太長都會影響閱圖。然後，圖與圖之間要留有空白，使每個視角的圖都獨立呈現（圖3.39）。

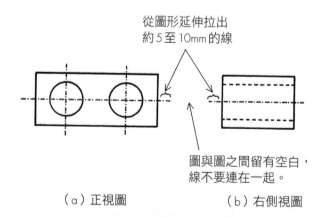

從圖形延伸拉出約5至10mm的線

圖與圖之間留有空白，線不要連在一起。

（a）正視圖　　　　　（b）右側視圖

圖3.39　畫中心線的方法

第4章

輔助視圖

一般物件可利用前一篇章介紹的第三角法來呈現形狀，不過，要是物件形狀中有一部分具有特徵，那麼除了第三角法以外，也要併用輔助視圖才能完整呈現。本章可學習具代表性的剖面圖、投影圖、展開圖等。

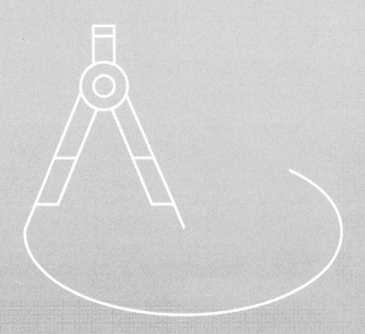

呈現內部的剖面圖

認識輔助視圖 　　　　　　　　　　　　　　**JIS Z 8316**

　　本書的第3章介紹了第三角法,雖然那是呈現物件形狀最基本的方法,不過,視形狀也可併用其他輔助視圖,以增加閱圖者的理解。輔助視圖可用來補足第三角法的缺點,雖然有許多圖面都只採用第三角法來描繪,但是有些物件形狀,需要第三角法再搭配輔助視圖。本章將介紹剖面圖、投影圖、展開圖、假想圖等輔助視圖。首先,先介紹最常用的剖面圖。

剖面圖的優點

　　前面已介紹過,眼睛可以直接看見的部分,用實線表示;對於其他不能直接看見的部分,則可以運用透視法,以隱藏線畫出假想的部分。可是,隱藏線是採用虛線,所以缺點是太多虛線時,就會變得不好辨識。因為斷斷續續的線,感覺上比較不好判讀。為了解決這個問題,其對策就是運用接下來要介紹的剖面圖。先觀察物件,選擇一個適當的面,然後假設在這個面進行剖面,如此一來,這個剖面就變得能跟眼睛直接看見一樣,可以用實線描繪了。只要能畫成實線,就能比虛線還容易讀懂。但這並不是真的將物件剖開,頂多只是在腦海中想像而已,所以可以任意選擇一處來進行剖面。實務上,這個剖面圖很常用,但由於種類繁多,以下依序介紹。

從中心線剖面的全剖圖

　　圖4.1（a）的立體形狀從正面看，會同圖（b）成為有很多隱藏線的圖面。所以此時要比照圖4.2，假設從中心線剖面，這樣一來，不但內部的線條能夠看得一清二楚，並且也能夠以實線描繪。這麼做的好處，除了便於閱圖外，同時也方便標註尺寸。由於這張圖面是把物件剖成對半，因此也稱為全剖圖。

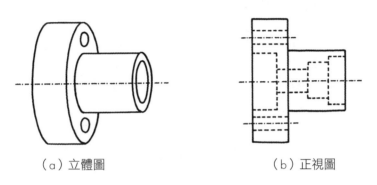

（a）立體圖　　　　　　　　（b）正視圖

圖 4.1　畫很多隱藏線的圖面

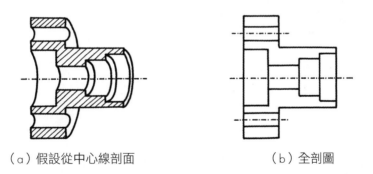

（a）假設從中心線剖面　　　　　（b）全剖圖

圖 4.2　描繪成全剖圖

只剖面一半的半剖圖

　　相較於上一頁的全剖圖，以中心線為界，只剖面半邊的圖是半剖圖（圖4.3）。這種圖的特徵是，可同時呈現外形與內部。因為剖面圖是呈現內部，所以外形圖的部分不需要畫隱藏線。

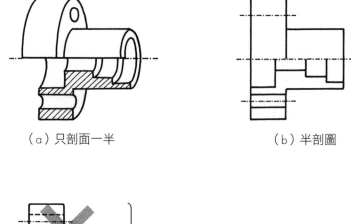

（a）只剖面一半　　　　　　　　　　（b）半剖圖

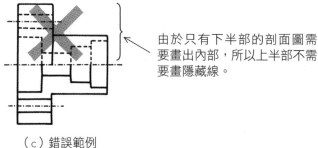

由於只有下半部的剖面圖需要畫出內部，所以上半部不需要畫隱藏線。

（c）錯誤範例

圖4.3　描繪成半剖圖

　　至於該如何選用全剖圖與半剖圖，主要是以容易判讀為優先。實務上最常採用的是全剖圖。以圖4.1的範例來說，因為透過全剖圖就能理解，所以只要像圖4.4一樣，以全剖圖與右側視圖這兩個圖面來表示即可。

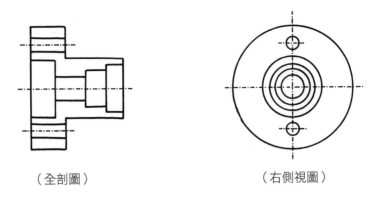

（全剖圖）　　　　　　　　　　　　　（右側視圖）

圖4.4　採用全剖圖的範例

　　為了明確表示這是剖面圖，剖面的切斷面上可以做「剖面線」處理。這是採用細實線（細線），並且等距離（約2至3mm）地畫出與輪廓線形成45°角的斜線（圖4.5）。不過，因為畫剖面線需要花費很多時間，所以若能明確讓人明白這是剖面圖，就可以略過這道程序。舉例來說，下圖範例不管（a）或（b），在實務上，都可以略過畫剖面線的程序。

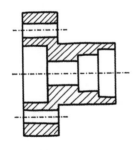

（a）全剖圖的剖面線
　　（斜線部位）範例

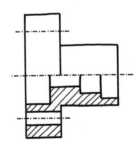

（b）半剖圖的剖面線
　　（斜線部位）範例

圖4.5　剖面處理

從任意處剖面的剖面圖

　　接著，圖4.6的剖面圖，是從中心位置以外的任意處，剖面後所呈現的剖面形狀。當物件的外側尺寸大於內側時，可運用此圖來幫助理解。也就是說，因為從外側無法直接看到內側形狀，所以才要以隱藏線呈現。從正橫向視角看圖4.6（a）的側視圖，只有外形輪廓是畫實線，其他的內部形狀全都是畫隱藏線（虛線）。為了使內部形狀清楚明瞭，最能夠表現其特徵的圖，是在圓孔位置進行剖面的圖（b）。由於這個圓孔位置並非是物件的中心點，所以此例也算是從任意處剖面的範例。

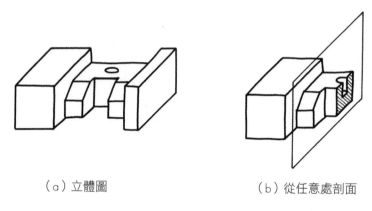

（a）立體圖　　　　　　　　　　（b）從任意處剖面

圖4.6　從任意處剖面

　　從中心點剖面的全剖圖與半剖圖，不需要特別指示剖面位置，但是若要從任意處剖面時，就必須在圖面上標示出剖面位置。剖面位置的標註方法與中心線一樣，都是採用一點細鏈線（節線）。一點細鏈線（節線）的兩端要加粗，並且這個加粗部位還要以箭頭指向剖面視角，然後在附近加註符號（通常是標註大寫的英文字母）。

剖面圖旁邊可標註「A-A」或者「A-A剖面圖」。

上述重點可彙整成：

1）在剖面位置上畫一點細鏈線（節線）。
2）一點細鏈線（節線）的兩端加粗。
3）以箭頭指示剖面視角，並標註符號。
4）假設已進行剖面，剖面圖的形狀要與從箭頭方向看的形狀一致。

當同一張圖面必須配置多個剖面圖時，可依序標上符號。例如，第二個剖面圖為B，第三個剖面圖則為C等，以此類推。然後再以「B-B剖面圖」、「C-C剖面圖」等圖面來呈現。圖4.6的形狀可以像圖4.7一樣，繪製成正視圖、俯視圖、A-A剖面圖共三個圖面。

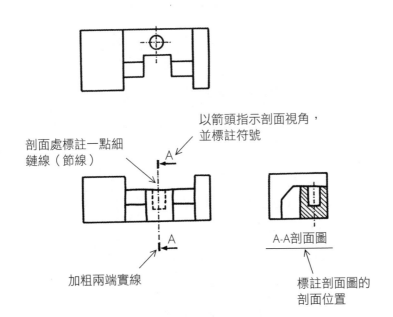

圖4.7　從任意處剖面的剖面圖

階梯剖面圖

當一個圖形有好幾處想要剖面時，有一個方法能以一張剖面圖來全部呈現。圖4.8是A-A剖面圖與俯視圖的範例。因為想要剖面的位置並非位於同一直線上，所以剖面位置會在中途轉折改變方向，呈現轉折割面。這個剖面與前例一樣，都要標註一點細鏈線（節線），並且將兩端加粗，然後箭頭指向剖面視角後標上符號。不過，一點細鏈線（節線）轉折的部位，要使用L形的粗實線來表示。還有，由於此張圖面一看就知道是剖面圖，所以不需要畫剖面線。

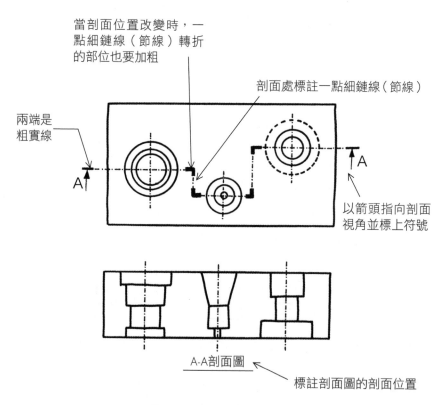

當剖面位置改變時，一點細鏈線（節線）轉折的部位也要加粗

剖面處標註一點細鏈線（節線）

兩端是粗實線

A

A

以箭頭指向剖面視角並標上符號

A-A剖面圖

標註剖面圖的剖面位置

圖 4.8　階梯剖面圖

由於圖4.9是呈現兩處不同位置的剖面，所以剖面位置會在圓的中心位置轉折改變方向。以（Ⅱ）做為圓的中心點，A-A剖面圖的中心線以下是（Ⅰ）到（Ⅱ）的剖面，以上則是（Ⅱ）到（Ⅲ）的剖面。換句話說，從（Ⅱ）到（Ⅲ）的面，在延伸到垂直中心線的位置後，會轉折改變方向。另外，圖4.10的彎曲管路也是不同角度的剖面範例。

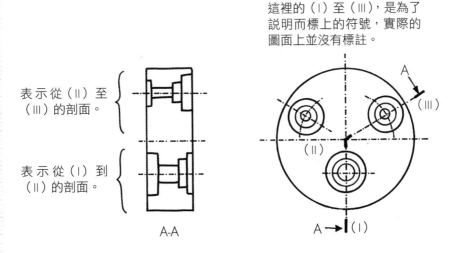

這裡的（Ⅰ）至（Ⅲ），是為了說明而標上的符號，實際的圖面上並沒有標註。

表示從（Ⅱ）至（Ⅲ）的剖面。

表示從（Ⅰ）到（Ⅱ）的剖面。

A-A

圖4.9　不同角度的階梯剖面圖（範例1）

剖面位置的轉折處是粗實線。

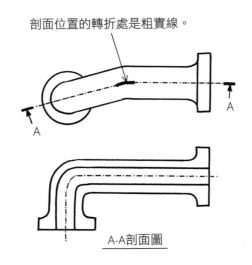

A-A剖面圖

圖4.10　不同角度的階梯剖面圖（範例2）

軸形常用的剖面圖

當軸的表面像圖4.11一樣有多處加工時，要畫出右側視圖，就必須畫出四個重疊的圓形，並且還要標示出表面的加工形狀才行。這麼一來，圖面就會變得相當難懂。所以，表面上每個加工的部位，都要分別以剖面圖呈現。由於本範例有三個加工部位，等於有三個剖面圖。其中，需要注意的地方是，從C-C剖面圖的指定方向看，能看見的不只是C的剖面部位而已，還可以看到如下圖中直徑較大的（Ⅰ）、（Ⅱ）、（Ⅲ）部位的外形。不過，這些部位並不需要畫在C-C剖面圖上。軸的剖面圖只要畫該處的剖面即可，這樣比較容易理解。

· 這裡的（Ⅰ）至（Ⅲ）是為了說明所標上的符號，
　實際的圖面上並沒有標註。
· （Ⅲ）中央部位的交叉細線是指平面。

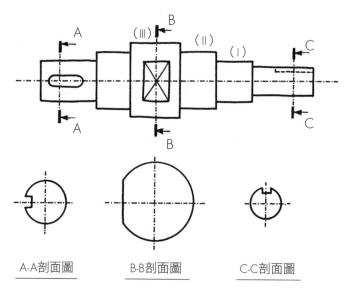

A-A剖面圖　　　B-B剖面圖　　　C-C剖面圖

圖 4.11　軸形剖面圖

只剖面局部的局部剖面圖

　　只有一部分要繪製成剖面圖時，可以採用這種局部剖面圖。切斷面上，用一種稱為折斷線的曲折線來區隔（圖4.12）。

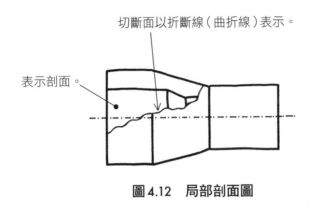

切斷面以折斷線（曲折線）表示。

表示剖面。

圖4.12　局部剖面圖

不須剖面的範例

　　若剖面會影響判斷，或者剖面毫無意義，那麼就不需要剖面。不須剖面的圖面，主要是以組裝圖為主。至於不需要剖面的物件，如軸、銷釘、螺絲、螺帽、墊圈等，皆屬之（圖4.13）。

在組裝圖上繪製剖面圖時，螺絲或螺帽這些零件不需要剖面，只要依照原來的外觀形狀描繪即可。

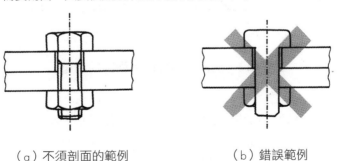

（a）不須剖面的範例　　　　　　（b）錯誤範例

圖4.13　不剖面的範例

呈現斜面的視圖

呈現斜面的輔助視圖

　　基本上，第三角法要「從正前方看」。假設以這個視角看斜面，以圖4.14為例，圓孔看起來就像橢圓一樣，而且斜面圓孔之間的尺寸，也會小於實際上的數值。

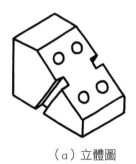

（a）立體圖

右側視圖（c）的問題如下：
1）孔的間距尺寸（A尺寸）明明非常重要，但此例卻只能呈現出B尺寸。B尺寸比A尺寸小。

2）因為圓孔看起來像是橢圓，所以透過側視圖，難以分辨到底是圓孔還是橢圓形的孔。

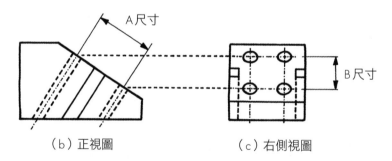

（b）正視圖　　　　　　（c）右側視圖

圖4.14　圖面有斜面時會面臨的問題

　　這種現象是第三角法的缺點，不過輔助視圖可克服這項缺點。如圖4.15所示，輔助視圖是從直角角度觀看斜面。這樣一來，可如實地呈現實際尺寸。

輔助視圖的配置方式有兩種，如圖4.15（b）所示，可配置在與物件斜面成直角的位置；另一種方式是假設像圖（c）一樣，圖面上的空白空間不足，導致難以配置在既定位置時，加註箭頭與英文字母的大寫符號，就可以將圖描繪在任意位置上了。

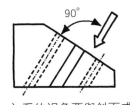

（a）看的視角要與斜面成直角

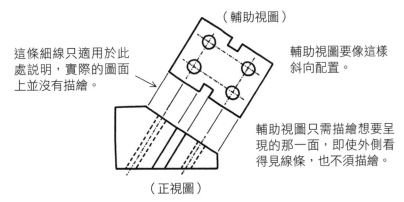

（輔助視圖）

這條細線只適用於此處說明，實際的圖面上並沒有描繪。

輔助視圖要像這樣斜向配置。

輔助視圖只需描繪想要呈現的那一面，即使外側看得見線條，也不須描繪。

（正視圖）

（b）輔助視圖（範例1）

當圖面上的空白空間不足，無法將輔助視圖畫在既定位置時，運用箭頭與符號就可以如下圖所示，描繪在任意位置。此時，要加註英文字母等符號。

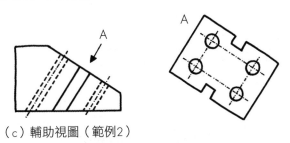

（c）輔助視圖（範例2）

圖 4.15　輔助視圖

局部呈現斜面的局部剖面視圖

　　只呈現局部斜面的投影圖面，稱為局部剖面視圖。呈現局部的原因如下。當物件形狀像圖4.16一樣具有角度時，從正上方看的視角，剛好與（Ⅰ）至（Ⅱ）之間的面形成直角，所以並沒有問題。不過，（Ⅱ）至（Ⅲ）之間，看起來就會是傾斜的面。為了解決這個問題，看的視角要改成與（Ⅱ）至（Ⅲ）這一面形成直角，只是，這樣一來，反倒是（Ⅰ）至（Ⅱ）這一面會變成斜面。因為無法兩全，所以只要把直角視角所看到的部分描繪出來即可，看起來傾斜的部位可以省略。折斷的部位採用虛線。

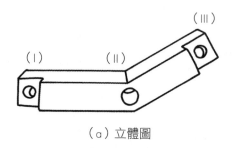

（a）立體圖

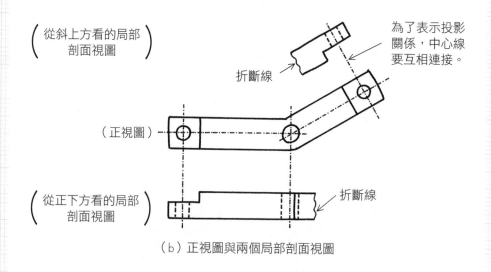

（b）正視圖與兩個局部剖面視圖

圖4.16　局部剖面視圖

只呈現細部的局部剖面視圖

　　當俯視圖、側視圖的外形都與正視圖一樣，但只有一部分的孔或溝槽不同時，可以只呈現出不同的部分就好。這稱為局部剖面視圖。圖4.17以局部剖面視圖呈現出軸的鍵槽。

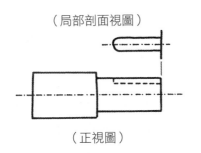

（局部剖面視圖）

（正視圖）

・鍵槽通常都是以俯視圖呈現，不過因為本範例除了這個鍵槽以外，其他的線都與正視圖完全一樣，所以只要用局部剖面視圖呈現出這個異於正視圖的鍵槽即可。

・要與正視圖配置在一起，並以尺度界線連接。

圖 4.17　局部剖面視圖

假設旋轉後的旋轉剖面視圖

　　具有角度的形狀，可採用先前說明的輔助視圖，或這裡的旋轉剖面視圖。這是假設旋轉具有角度的部分，使其位於一直線上，以表示實際長度的方法（圖4.18）。

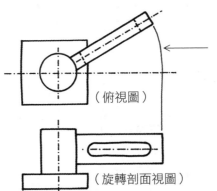

（俯視圖）

（旋轉剖面視圖）

假設只將把手部分旋轉成水平狀態，從正前方看的圖即稱為旋轉剖面視圖。
製圖時使用的這條細線，要原封不動地保留。因為若沒有這條細線，就無法分辨出下圖是一般的正視圖，還是旋轉剖面視圖了。

圖 4.18　旋轉剖面視圖

其他輔助視圖

呈現彎曲前尺寸的展開圖

　　使用板金進行彎曲加工時，需先將板金切成需要的外形，並打孔後，再以彎曲加工製成圖面形狀。相較於使用車床或銑床做切削加工所製成的物件形狀，唯有板金加工能製造成彎曲的形狀。換句話說，進行板金加工時，若不知道彎曲前的外型尺寸，就無法準備材料。雖然板金加工者可憑經驗，推算出外型尺寸該準備多少材料。不過，遇到複雜形狀時仍很棘手，所以，最好把彎曲加工前的形狀尺寸，與完成後的形狀尺寸，一併呈現在圖面上。可是，現實上，要掌握這個展開尺寸，必須擁有足夠的加工知識才行，因此實際上會標示出展開圖的案例不多。展開圖要配置在圖面附近，並且標註為「展開圖」（圖4.19）。

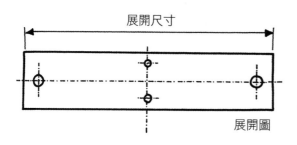

展開圖可呈現彎曲加工前的形狀尺寸。
在圖面旁邊配置「展開圖」。
利於加工者查閱的圖面。

彎曲加工後完成品的形狀尺寸，以正視圖呈現。

圖 4.19　展開圖

只放大局部的局部放大圖

　　當部位太小難以在圖面上呈現、或者空間太過狹窄導致無法填入尺寸時，對策是，可採用放大必要部位的局部放大圖（圖4.20）。一般來說，放大時通常不是只放大一部分，而是以第2章學習的放大比例尺（放大尺），將整張圖面全部放大，不過這樣一來，就會衍生出圖面尺寸變大等問題，此時選擇局部放大，可有效解決這個問題。標示時，要用實線（細線）框住放大的部位，並且標上大寫的英文字母。局部放大圖配置在圖面的空白部位，並加註「A部位放大圖」，同時也要記錄放大比例尺（放大尺）的倍數。

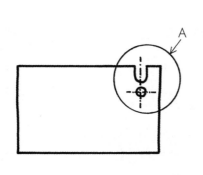

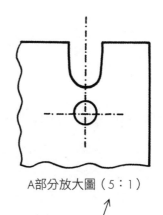

A部分放大圖（5：1）

必須備註採用多少放大比例
尺（放大尺）。
此範例代表放大5倍。

圖4.20　局部放大圖

省略中間部位

當相同形狀的部位呈現長形、且長度較長時,可以將這個相同形狀的部位畫短一點。換句話說,當圖面尺寸較大時,就能採用這種方法。省略的地方是中斷輪廓線,然後以折斷線(曲折線)標註斷面(圖4.21)。

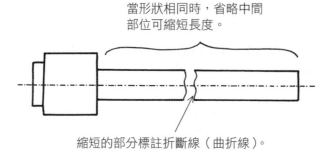

當形狀相同時,省略中間部位可縮短長度。

縮短的部分標註折斷線(曲折線)。

圖4.21 省略中間部位

以兩點細鏈線(節線)繪製的假想圖

繪製組裝圖時,標示出鄰接零件,有助於閱圖者理解。不過,若以實線描繪,容易與對手件搞混,所以,此時要以假想線(兩點細鏈線)描繪(圖4.22)。還有,可動部位的可動範圍,也要以假想線描繪。

對手件或相對物以外的零件
(鄰接零件)

組裝圖上畫出鄰接零件做為參考,可提升對位置關係的理解。
為了明確表示這是對手件,須以兩點細鏈線(節線)描繪。

圖4.22 假想圖

尺寸標註規則

　　第3章、第4章學習用圖形呈現物件形狀的方法。接著,從第5章起要學習將物件的設計資訊標註在圖面上。首先,本章先介紹最重要的設計資訊——表示物件大小的尺寸標註方法。

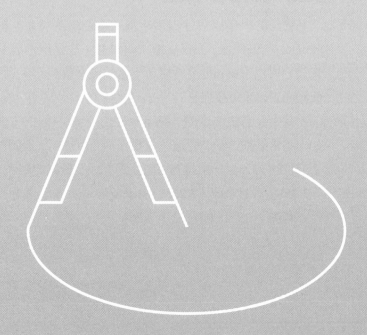

尺寸標註方法

傳遞設計資訊 JIS Z 8317

　　首先，零件圖是給加工者看的，所以製圖時勿忘此立場。然後，圖面的正確性固然重要，但以下三點也請特別注意：

> 1）圖面上的尺寸標註，必須清楚明瞭到不需要加工者自行計算。不可讓加工者在現場一邊看圖面一邊用計算機計算。
>
> 2）與圖形的表示方法相同，例如尺寸等資訊只能標註在一個地方，一樣的資訊不可重複標註在其他地方。
>
> 3）還有，圖面上標註的尺寸是完成品的完工尺寸。舉例來說，進行表面處理時，圖面上標註的尺寸也包含這個表面處理的膜厚。

　　在我們學習詳細內容之前，請記住這些基本重點。

長度尺寸的單位：公釐

　　物件的大小以尺寸表示。為了防止誤讀尺寸，單位已統一為「公釐（mm）」。既使像1公尺這麼大的尺寸，也是標示成1000公釐（表5.1）。然後，單位符號mm可省略，不需標註在圖面上。因為一旦標註mm，會使圖面看起來更複雜。

　　其中最需要注意的一點是，絕對不可以標註3位數的千分位（,）。例如，平常是把三千二百五十五標示成「3,255」，但圖面上則要標示成沒有千分位的「3255」。這是為了防止誤認成小數點的關係。因為複印正本後，「3,255」看起來與「3.255」差不多。

　　範例：　25　25.00　182.3　1264

還有，1000分之1mm（公釐）是1μm（微米）。以往曾經採用過μ（micron）這個單位，但現在已經改用國際單位制（SI制）了。雖然現在都統一標示為μm，不過，念的方式仍有人習慣念成micron。關於小數點以下的有效數字，請參閱本書的第6章。

表5.1　長度尺寸的單位

單位	單位符號	換算成公釐（mm）
微米（micron）	μm	1μm=0.001mm
公釐	mm	—
公分	cm	1cm=10mm
公尺	m	1m=1000mm

備註：由於採用國際單位制（SI制），micron（μ）已變更為微米（μm）了。

角度的單位：度

角度是以「度（°）」表示。圓的一周為360°。角度符號必須標示出來，不可省略。當需要標示出更細微的角度時，可以考慮使用小數點、或者「分（'）」與「秒（"）」。1度的1/60是1分，1分的1/60是1秒（請參考下一頁的表5.2）。

另外，還有「弧度（rad）」，是使用頻率比較低的單位。此時只要標示rad即可。圓的一周是2πrad。半圓的180°則是πrad。

範例：45°　12.3°　0°　15'　1°　20'15"　π／2rad

表 5.2 角度的單位

單位	單位符號	定義
度	。	圓的一周為360°
分	´	1分=1/60度
秒	″	1秒=1/60分
弧度	rad	圓的一周是2πrad

名稱介紹

由於下一段內容會具體說明尺寸標註的方法,所以,請先透過圖 5.1,確認各部位的名稱。

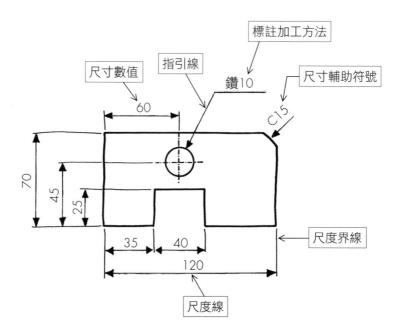

圖5.1 標註尺寸的各個名稱

尺度線與尺度界線的標註

標註尺寸時採用尺度線與尺度界線。

1）尺度線與尺度界線使用細實線（細線）。

2）尺度線的箭頭樣式如圖5.2所示，可以任意使用雙向箭頭（標準）、雙向箭頭（箭頭填滿）、雙向箭頭（箭頭空心）等任一種。實務上經常使用的是雙向箭頭（標準）。另外，同圖（d）是用於第7章介紹的累進尺寸標註法。至於箭頭尺寸，請參考同圖（e）。

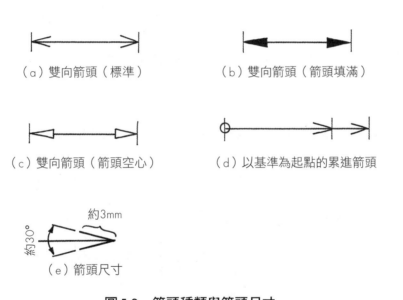

（a）雙向箭頭（標準）　　　　（b）雙向箭頭（箭頭填滿）

（c）雙向箭頭（箭頭空心）　　（d）以基準為起點的累進箭頭

約3mm

約30°

（e）箭頭尺寸

圖5.2　箭頭種類與箭頭尺寸

3）尺度界線要與對象物互為直角，而尺度線則是與對象物平行。尺度界線與尺度線交叉後還要多拉長約2至3mm。

4）尺度界線若不是與圖形互相連接，就是只留下一個極小的空隙（約1mm左右）。留下一點空隙，不但在視覺上比較容易分辨，複印時即使分不清圖形的實線（0.5mm）與尺度界線的細線（0.3mm），也能藉著這個小空隙來理解圖形，建議採用此方法（請參閱下一頁的圖5.3）。

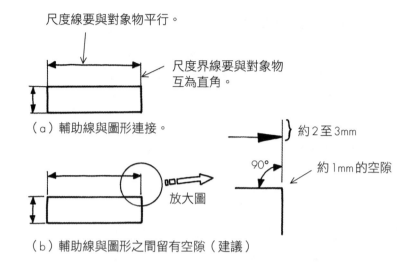

（a）輔助線與圖形連接。

約2至3mm

約1mm的空隙

放大圖

（b）輔助線與圖形之間留有空隙（建議）

圖5.3　尺度線與尺度界線的畫法

5）特別在必要時，只斜向描繪尺度界線就好。尺度線則保持平行（圖5.4）。

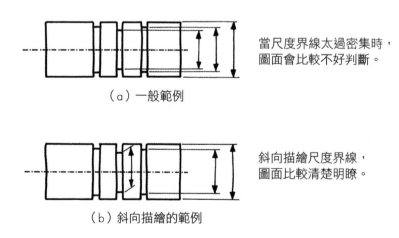

（a）一般範例

當尺度界線太過密集時，圖面會比較不好判斷。

斜向描繪尺度界線，圖面比較清楚明瞭。

（b）斜向描繪的範例

圖5.4　斜向描繪尺度界線的範例

6）尺寸的標註位置，只要不影響閱圖，可以標註在圖形的上側或下側、左側或右側。需要連續標註尺度線時，標註位置應整齊排列（圖5.5）。

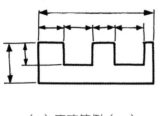 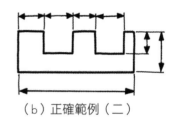

（a）正確範例（一）　　　　　　（b）正確範例（二）

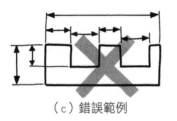

（c）錯誤範例

・尺度線的位置只要排列成（a）圖或（b）圖那樣整齊明瞭的話，尺寸要標在上下或左右都無妨。

・尺度線的位置不可像（c）圖一樣排列不齊。

圖 5.5　尺度線應整齊排列

7）尺度界線應盡量標註在不會與輪廓線交叉的方向。應避免採用如圖5.6的畫法。

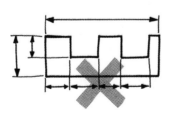

尺度界線一旦與輪廓線交叉，圖面就變得複雜難判斷。
此時採用如圖5.5（a）或（b）畫在圖形上側的方法，容易閱圖。

圖 5.6　尺度界線應盡量避免與其他線交叉

8）尺度界線不可與尺度線交叉（圖5.7）。

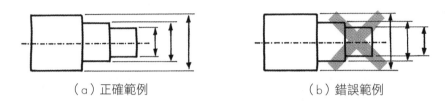

（a）正確範例　　　　　　　（b）錯誤範例

圖5.7　尺度界線不可與尺度線交叉

9）當尺度界線描繪在圖形外面，會增加閱圖難度，應捨棄尺度界線，改在圖形內標註尺寸（圖5.8）。

10）當尺寸的標註間隔過於狹小時，標註的箭頭會互相干涉。此時，兩側的箭頭應改成由外側指向內側（圖5.8）。

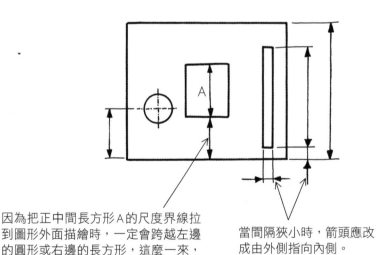

因為把正中間長方形A的尺度界線拉到圖形外面描繪時，一定會跨越左邊的圓形或右邊的長方形，這麼一來，圖形就變得比較複雜難懂。此時，應該在圖形內標註尺寸就好。

當間隔狹小時，箭頭應改成由外側指向內側。

圖5.8　在圖形內標註尺寸的範例以及箭頭指向

11）禁止將尺度線兼當輪廓線、中心線、基準線使用，也不可重疊畫在延長線上（圖5.9）。

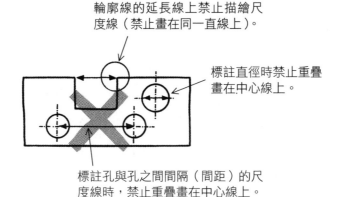

輪廓線的延長線上禁止描繪尺度線（禁止畫在同一直線上）。

標註直徑時禁止重疊畫在中心線上。

標註孔與孔之間間隔（間距）的尺度線時，禁止重疊畫在中心線上。

圖5.9　禁止事項的範例

12）遇到曲線、曲面時，依照想標註的內容，會有不同的尺度線、尺度界線畫法（圖5.10）。

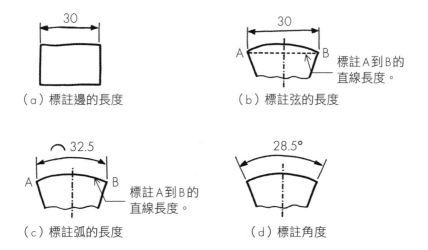

30

（a）標註邊的長度

30

A　　　　B

標註A到B的直線長度。

（b）標註弦的長度

32.5

A　　　　B

標註A到B的直線長度。

（c）標註弧的長度

28.5°

（d）標註角度

圖5.10　邊、弧、弦的標註方法

用指引線標註

在狹小的地方，要以指引線拉到圖形外面後再標註。指引線採用細線、斜向描繪，且與對象物接觸的前端應標註箭頭。另外，當對象物要標註例如註解、或者組裝圖的圖面編號等項目時，指引線的前端不可採用箭頭，應改以小黑點代替（圖5.11）。

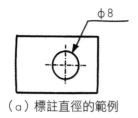

（a）標註直徑的範例

在圓的內部標註尺寸數值時，容易與中心線重疊造成混淆。
此時，應如左圖一樣用指引線，拉到圖形外側再標註。
指引線的前端應加註箭頭。

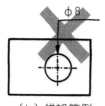

（b）錯誤範例

指引線不可畫成垂直方向或水平方向，應斜向描繪。

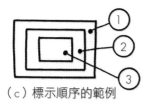

（c）標示順序的範例

當圖形標註編號時，指引線的前端應換成黑點。

圖5.11　指引線

標註尺寸數值

接著介紹尺寸數值的標註方法。標註尺寸數值也有許多細項內容，以下依序說明。

1）標註數值的方向，分成朝上或朝左兩個方向。如圖5.12所示，等於是從圖面下方朝上看，以及從右方向左方看。

尺寸數值的標註方向，是依照（a）圖裡兩個箭頭指的方向來標註。

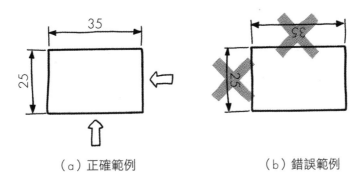

（a）正確範例　　　　　　　　（b）錯誤範例

圖5.12　尺寸數值的標註方向

2）尺寸數值幾乎都標註在尺度線的中央位置。不過，中央位置有其他線時，應避過這條線標註在旁邊（圖5.13）。

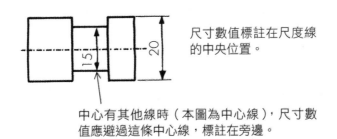

尺寸數值標註在尺度線的中央位置。

中心有其他線時（本圖為中心線），尺寸數值應避過這條中心線，標註在旁邊。

圖5.13　尺寸數值的位置

3）當斜向描繪尺度線時，尺寸數值的方向與角度，應如圖5.14所示來標註。角度也可以同圖（c），全部都標註在線的上方。

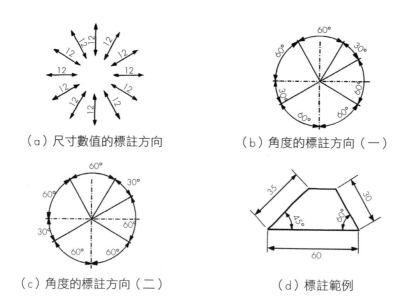

（a）尺寸數值的標註方向　　　（b）角度的標註方向（一）

（c）角度的標註方向（二）　　　（d）標註範例

圖5.14　斜向描繪尺度線的範例

4）採用累進尺寸標註法，從基準端開始依序標註尺寸數值時，標註方法如圖5.15所示（累進尺寸標註法的詳細內容，請參考第7章）。

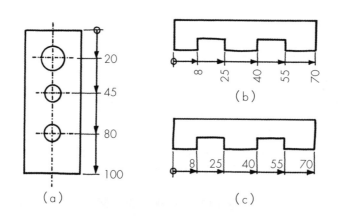

圖5.15　從基準端開始依序標註尺寸數值

5）狹小地方的標註方法如圖5.16所示。最狹小的地方則可以參考④的方法來標註。

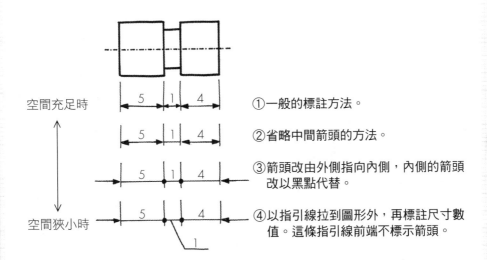

圖5.16　狹小地方標註的範例

6）不過，更狹小的地方就連採用5）的第④個方法也無法因應。舉例來說，寬度為0.3mm或0.5mm的情況，因為間隔太小，所以尺度界線會重疊。此時應放大圖面。放大圖面的方法，有整體放大與局部放大兩種。要是整體放大，圖面尺寸也會跟著變大，因此，最好採用局部放大的方法來控制圖面尺寸。這個部分請參閱第4章介紹的局部放大圖，範例請參考圖4.20。

7）有很多零件是形狀相同，但一部分的尺寸不同。此時，為了減少製圖張數，以下透過圖5.17，介紹用一張圖面來對應的方法。不同的尺寸填入不同符號（例如L1、L2等），然後在圖面配置的表格內分別填入尺寸數值。因為這個方法可以省下不少製圖時間，所以實務上很常用。至於要標註哪一個品項進行幾種加工時，請記載在第2章所介紹的零件清單裡。

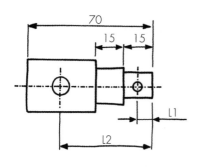

・當零件雷同、但只有L1和L2的尺寸不同時，
1）以符號取代尺寸
2）在圖面空白處配置表格
3）分別將尺寸填入表內

・左圖對應三個品項，一般來說，此時必須繪製三張圖面才行，不過，採用此方法的優點，就是可以只用一張圖面來對應。

・還有，想要新增其他變化也可以，這個圖面上可以新增d品項、e品項……等。

品項＼符號	L1	L2
a	6	50
b	7.5	50
c	8	55

圖5.17　併用表格的方法

Column 充電站

JIS 製圖規格在 2010 年修訂的內容

　　2010 年時，JIS 製圖規格曾經修訂過一次。本書依照這個新規格，將主要的修訂內容彙整如表 5.3。詳細內容請參考對應章節。

表 5.3　JIS 製圖規格在 2010 年修訂的內容

分類	項目	修訂	修訂內容	本書對應章節
尺寸輔助符號	圓弧長度	變更	⌒20 → ⌒ 20	第 5 章
	可控半徑	新增	CR10	
	孔深	變更	深度 5 → ▽ 5	
	沉頭孔、深沉頭孔	變更	14 深沉頭孔深度 8 → ⊔ Ø14 ▽ 8	
	斜沉頭孔	新增	鑽 9 ∨ Ø14	
其他	重複尺寸	新增	●32.05	第 7 章
焊接符號	電阻點焊	變更	⚹ → ⊖	第 11 章
	鉚焊	變更	⁎ → ⊖	

113

尺寸輔助符號

有用的尺寸輔助符號

　　尺寸輔助符號，是指標註在尺寸數值前的符號。由於每一個符號都代表著一種含意，所以圖面簡潔易懂，然後，根據不同符號，也能以一視圖呈現。

　　因為這種尺寸輔助符號的使用頻率相當高，因此請務必充分理解。常用的各符號彙整如表5.4。

表5.4　尺寸輔助符號

種類	輔助符號	標註範例
半徑	R	R5
直徑	Ø	Ø10
板厚	t	t6
正方形的邊	□	□ 12
45°倒角	C（大寫）	C3
圓弧長度	⌒	⌒ 20
球直徑	SØ	SØ30
球半徑	SR	SR80
可控半徑	CR	CR10
孔深	▽	▽ 5
沉頭孔、深沉頭孔	⊔	⊔ Ø15 ▽ 8.5
斜沉頭孔	∨	∨ Ø14

半徑符號R

　　半徑以符號R表示。如圖5.18所示,指向圓弧的那一端要畫箭頭。然後,因為圓弧小的時候很難標註尺寸數值,所以要像圖5.19的範例一樣,線拉到外面後再標註。另外,若圓弧中心比較遠、但需要標出中心位置時,可另外在半徑附近配置中心位置的圖,為了識別,尺度線要畫成曲折線(圖5.20)。

 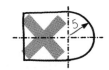

（a）標註R的範例　　　　（b）建議盡量不採用此範例

　　像(b)圖一樣,當尺度線從圓弧中心拉出時,雖然可以省略符號R,不過實務上應該將R標註上去。因為沒有標註符號R,恐怕會使閱圖者誤判為直徑。

圖5.18　半徑符號R

（a）圖至（d）圖全是同樣意思。

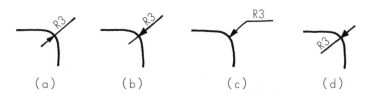

（a）　　　　　　（b）　　　　　　（c）　　　　　　（d）

圖5.19　圓弧小的標註範例

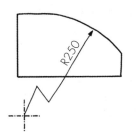

半徑太大會偏離中心位置,因此無法完整呈現在圖面內。此時只要如左圖所示,另外在半徑附近配置中心位置的圖即可。為了表示這個圖與實際尺寸不同,尺度線要畫成曲折線。

圖5.20　偏離中心位置的範例

直徑符號∅

　　表示直徑的符號∅，也是標註在尺寸數值前面。∅稱為Phi。雖然實務上也有人會念為pi，但因為這與 π（3.14……）的發音相同，因此最好盡量避免這種念法。這個直徑符號的最大優點，就是如圖5.21所示，用正視圖做一視圖來呈現即可。像圖5.22那樣，圓形圖面要標註尺寸時，可省略∅符號，不過不推薦此種用法。因為一旦省略，恐怕會使閱圖者誤判為半徑。實務上，無論是半徑符號R或是直徑符號∅，皆要仔細標註，最好不要省略。

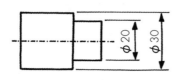

由於透過正視圖的∅便可得知此為軸形，所以不需要側視圖。
採用此符號就可以用一視圖呈現。

圖5.21　只用正視圖表示的範例

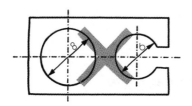

依照JIS規格繪製圓形圖面時，雖然可以省略符號∅，但實務上應該要加上符號，標註成∅8、∅6。
因為沒有標註符號∅，恐怕會被誤判為半徑。

圖5.22　省略∅的範例（建議盡量不採用此範例）

標註側視圖或小孔時，使用指引線。因為孔太小，很難把尺寸數值標註在圓孔內，此時線要拉出來圓孔外，再行標註（圖5.23）。然後，同一個孔內需標註多個數值時，可以用「數量×直徑符號ø尺寸數值」的方式，標註在同一個地方。

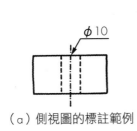

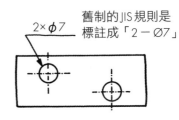

（a）側視圖的標註範例　　　　（b）標註多個數值的範例

圖5.23　使用指引線的範例

當孔不是貫穿孔，而是不貫穿孔（盲孔）時，必須標註孔深。標註方法可以使用尺度線、或者與直徑符號一同標註。後者因為2010年有修訂JIS規格，所以深度的標註方法，改成在表示深度的尺寸數值前加上▽符號（圖5.24）。

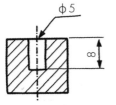

（a）側視圖標註尺寸的範例

・如（a）圖所示，孔深的標註方法之一，就是在孔的地方，直接以指引線標註尺寸。

・另一個標註方法是與直徑一起標註。（b）圖是舊制JIS規格的標註方法，（c）圖把深度的標註符號化，是現行的JIS規格。

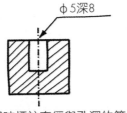
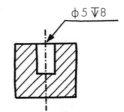

（b）同時標註直徑與孔深的範例　　　（c）同時標註直徑與孔深的範例
　　　（舊制的JIS規格）　　　　　　　　（現行的JIS規格）

圖5.24　孔深的標註範例

板厚符號t

板厚是以小寫的t表示，這是英文厚度thickness的第一個英文字。使用這個符號就可以用一視圖表示。尺寸數值標註在符號t後面（圖5.25）。

t2.3

不需要側視圖。
板厚t要標註在圖形附近。

圖5.25　板厚符號t

正方形符號□

當斷面形狀為正方形時要標註□。不過，看圖面時，若是從正前方看正方形，則不必使用□，而是要標註尺寸數值。

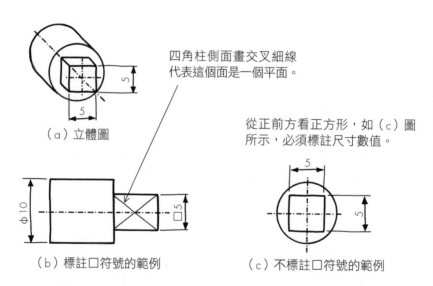

四角柱側面畫交叉細線
代表這個面是一個平面。

（a）立體圖

從正前方看正方形，如（c）圖
所示，必須標註尺寸數值。

（b）標註□符號的範例

（c）不標註□符號的範例

圖5.26　正方形符號□

倒角符號C

所謂倒角，就是削除物件的邊角至45°，實務上稱做C倒角。為了確保安全，通常都會把邊角加工後所產生的毛邊、或者銳利的邊角去除。以前這種目的的倒角被稱為微倒角，不但倒角尺寸由加工者決定，也不需要標註，但是現在則必須將倒角尺寸標註出來。另外，也可以把嵌合零件做45°倒角，以提升施工性。倒角符號是大寫的C（圖5.27）。因為要是所有邊角都標註這個C符號，會使圖面顯得雜亂，因此通常都不標註倒角，只在圖面內加註「沒有指示的倒角皆為C0.1至0.3」。倒角角度只有45°會使用C符號，其他則直接標註角度尺寸。

（a）C符號的範例

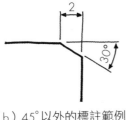

（b）45°以外的標註範例

・如（a）圖所示，使用C符號可使圖面簡潔明瞭。

・由於安全對策而需要倒角時，一般都以C0.1至C0.3為主。大概是刮到不會痛的程度。

圖5.27　倒角符號C

圓弧長度符號 ⌒

標註圓弧長度的尺度線不可畫成直線，要依照對象物畫成同心的圓弧。為了明確表示這是圓弧，尺寸數值前應標註⌒符號。舊制的 JIS 規格是標註在尺寸數值上面，不過現在已經修訂成標註在同一行了（圖5.28）。

標註圓弧長度時，尺度線也要畫成圓弧，並且尺寸數值前要加上 A 與 B 的圓弧長度符號⌒。請注意與（b）圖的弦長度標註不同。

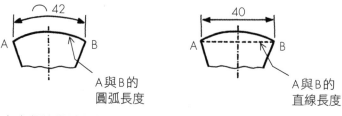

（a）標註圓弧長度　　　　　（b）標註弦的長度

圖5.28　圓弧長度符號 ⌒

球直徑符號 S∅ 與半徑符號 SR

球直徑與半徑的符號如圖5.29所示。

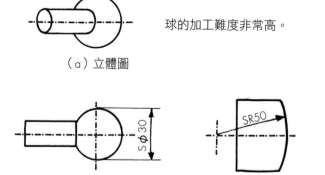

球的加工難度非常高。

（a）立體圖

（b）標註球直徑　　　　（c）標註球半徑

圖5.29　球直徑符號 S∅ 與半徑符號 SR

可控半徑符號CR

　　這個尺寸輔助符號，是2010年JIS修訂時新增的符號，稱為「CR」。特點是直線部位與半徑的曲線部位圓滑地連接在一起。依照規定，半徑要介於最大容許半徑與最小容許半徑之間。本書第6章將介紹容許尺寸的相關內容，意思是指示的半徑可以接受些許誤差。相較於半徑符號R，無法透過規範來避免曲線與直線產生段差，CR是可以規範段差的（圖5.30）。

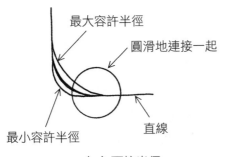

最大容許半徑

圓滑地連接一起

最小容許半徑　　　　直線

（a）可控半徑

・所謂可控半徑，從（a）圖來看，介於最大容許半徑與最小容許半徑之間，而且很圓滑地與圓圈內的直線連接在一起。

・半徑R的標註如（c）圖所示，因為無法規範，所以與直線連接的地方有產生段差。（雖然有段差但仍屬合格品）

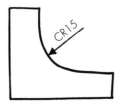

（b）標註CR的範例

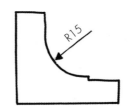

（c）標註半徑R的範例

圖5.30　可控半徑符號CR

鑽孔與沉頭孔的標註方法

標註加工方法的鑽孔

　　圖面是記載完成後的形狀以及尺寸資訊，其加工方法由加工者決定。加工者通常會選擇最有效率且最經濟的方法。不過，有時候也會在圖面上直接標註加工方法。其中，最具代表性的範例，就是接下來要介紹的鑽孔。

　　孔加工所使用的工具，有電鑽、端銑刀、絞刀、鑽探工具等，標註要使用鑽床來加工的孔，稱為鑽孔。電鑽與鑽床搭配成一組開孔專用的加工機。特徵是與其他工具相比，這是最簡單也最經濟的加工方式。

　　關於鑽孔的標註，在日本是不使用直徑符號Ø，而是在直徑的尺寸數值後面加上平假名「キリ」，例如直徑6mm的鑽孔，是用指引線拉出，並標註「鑽6（6キリ）」（圖5.31）。（*編按：台灣的規範，則是在文字後面加上直徑符號Ø後，再標註尺寸數值，如「鑽孔Ø6mm」。本書以下統一簡稱用法為「鑽6」。）

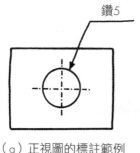

（a）正視圖的標註範例

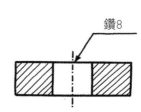

（b）側視圖的標註範例

圖 5.31　鑽孔的標註

孔深的標註方法

　　孔深的標註，與先前直徑符號∅的情形相同，需要注意的地方是孔的前端形狀。因為電鑽前端有118°的角度，所以加工物上也會留下118°的形狀。由於118°不好繪製，因此如圖5.32所示，圖面上是畫成120°。孔的深度尺寸不包含這個118°的斜面長度，只表示直筒部位的長度。

118°

（a）電鑽形狀

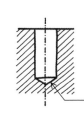

雖然加工部位前端的角度是118°，但圖面上是畫成120°。

（b）電鑽加工的斷面形狀

圖5.32　電鑽加工的斷面形狀

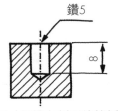

鑽5

∞

不包含前端118°的斜面長度。只表示直筒部位的長度。

（a）尺寸標註在側面的範例

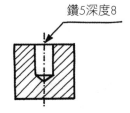

鑽5深度8

（b）同時標註直徑與深度
　　（舊制的JIS規格）

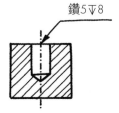

鑽5▽8

（c）同時標註直徑與深度
　　（現行的JIS規格）

圖5.33　鑽孔深度的標註方法

標註直徑符號∅與標註鑽孔的差異

　　為何明明開的孔是同一個，但標註方法卻分成用∅表示、以及用鑽孔表示兩種呢？其實這兩種標註方法都各有含意。標註直徑符號∅，是「加工方法由加工者決定」，而尺寸數值則是表示「加工後的直徑」。另外，標註鑽孔，則是代表指定「使用電鑽來加工」，尺寸數值是表示「電鑽的直徑」。換句話說，鑽孔只要用指定尺寸的電鑽來加工，加工後的尺寸是多少都無妨。雖然加工後的尺寸，會依材料與加工條件而異，但一般來說，加工後的孔徑，幾乎都是比電鑽直徑大0.1mm左右。因為鑽孔指示的尺寸具有空間，所以不需要保證加工後的孔徑（圖5.34）。這是最經濟實惠的開孔方法。

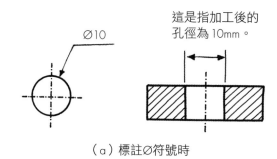

這是指加工後的孔徑為10mm。

∅10

（a）標註∅符號時

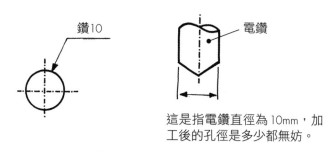

鑽10

電鑽

這是指電鑽直徑為10mm，加工後的孔徑是多少都無妨。

（b）標註鑽孔時

圖5.34　標註∅符號與標註鑽孔的差異

何時會標註鑽孔

　　當不講求孔徑尺寸的精度與真圓度（意思是指圓的程度，詳細內容請參考本書第8章的幾何公差）時，可採用經濟實惠的鑽孔。最常用鑽孔加工的是固定螺絲的貫通孔。因為這個貫通孔只要能讓螺絲通過就好，所以會標註比較大的尺寸，加工後即使完成尺寸有些許誤差，也無所謂。例如要用直徑10mm的螺絲來固定時，鑽孔會標註11至12mm，尺寸上具有相當空間（圖5.35）。另外，要真圓又講求加工後的精度時，標註方法是使用直徑符號∅，而且還要併用下一章所介紹的尺寸公差與幾何公差。此時，要使用最後完工用的絞刀等專用工具來加工。重點是要像這樣依照用途區分，來選擇適當的標註方法。

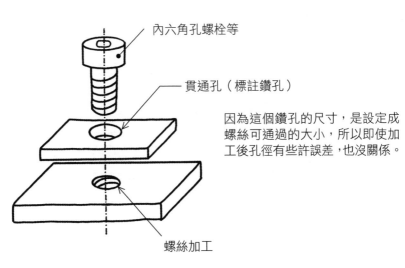

內六角孔螺栓等

貫通孔（標註鑽孔）

因為這個鑽孔的尺寸，是設定成
螺絲可通過的大小，所以即使加
工後孔徑有些許誤差，也沒關係。

螺絲加工

圖5.35　標註鑽孔的範例

同樣大小的孔，連續等間隔排列時的標註方法

　　當同樣的數個孔，在一直線上以等間隔排列時，假設每個孔都要標註直徑，以及間隔的間距尺寸，那麼標註內容不但全部相同，而且還會連續地排列在一起，顯得重複混亂。因此，這種狀況的直徑與間距尺寸，只要標註在一個地方即可（圖5.36）。

　　首先，孔的標註是以「孔的數量×孔的尺寸」來表示。例如10個直徑5mm的鑽孔，是標註成「10 × 鑽5」，8個直徑6mm的普通孔則是標註成「8 ×Ø6」。間距尺寸只要標註在一個地方，兩端孔之間的間距尺寸，以「間距數量×間距尺寸（＝兩端尺寸）」來表示。因為間距數量等於孔的數量減1，所以10個孔且間距是8mm時，要標註成「9 × 8（＝72）」。

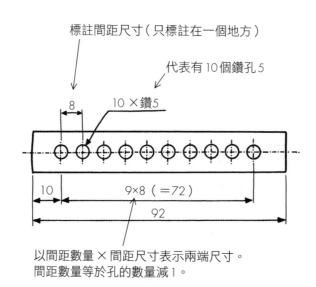

圖5.36　連續孔的標註範例

沉頭孔的標註

　　當表面嚴重鏽蝕（俗稱黑皮的氧化皮膜）、或者像鑄物那樣粗糙不平時，即使再怎麼鎖緊螺絲，也會很快就鬆脫掉。因此，為了讓表面與螺絲接觸面密合，需要進行能使表面變平坦的沉頭孔加工。因為鑽孔後再做沉頭孔加工，等於是雙層的鑽孔加工。一般來說，沉頭孔的直徑會比使用的螺絲頭直徑還大一點，加工深度約在1mm左右。JIS規格在2010年修訂的內容是（1）變更「沉頭孔」的日文寫法；（2）新增沉頭孔符號；（3）變更成需要標註深度。沉頭孔符號　後面要標註Ø直徑尺寸，接著標註▽與深度數值（圖5‧37）。

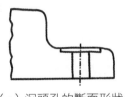

（a）沉頭孔的斷面形狀

・這個圖面上的標註是「以直徑7mm的電鑽做鑽孔加工後，再做直徑18mm深1mm的沉頭孔加工」。

・舊制的JIS規格不用標註深度，由加工者決定，而現行的JIS規格則必須要標註深度。

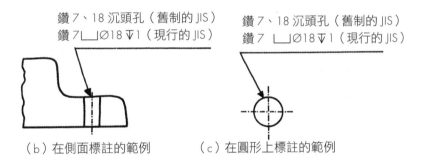

鑽7、18 沉頭孔（舊制的 JIS）
鑽7⌴Ø18▽1（現行的 JIS）

（b）在側面標註的範例

鑽7、18 沉頭孔（舊制的 JIS）
鑽7 ⌴Ø18▽1（現行的 JIS）

（c）在圓形上標註的範例

圖5.37　沉頭孔的標註

深沉頭孔的標註

　　深沉頭孔的深度，比剛才介紹的沉頭孔深度還深。要避免受到其他零件干涉時，就會採用這種深沉頭孔加工，將螺絲頭埋入表面。螺絲大多採用鎖緊力強的內六角孔螺栓。一般來說，深沉頭孔的直徑與深度，都是依照內六角孔螺栓的尺寸來設計的，標註方法與沉頭孔完全相同。因此，從標註上來看，沉頭孔與深沉頭孔並無兩樣。不過，深度標註為1mm左右的是沉頭孔，而深度標註為3mm以上的，則是深沉頭孔（圖5.38）。

內六角孔螺栓

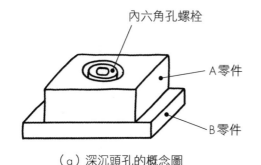

A零件

B零件

（a）深沉頭孔的概念圖

・以螺絲固定A零件與B零件時，用深沉頭孔能將螺絲頭埋入表面。

・在圓形上標註時，如（c）所示要將箭頭指向內側的圓。

鑽5、8 深沉頭孔深 5（舊制的 JIS）
鑽5 ⊔∅8▽5（現行的 JIS）

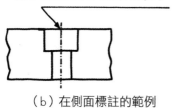

（b）在側面標註的範例

鑽5、8 深沉頭孔深度 5（舊制的 JIS）
鑽5 ⊔∅8▽5（現行的 JIS）

（c）在圓形上標註的範例

圖 5.38　深沉頭孔的標註

斜沉頭孔的標註

當使用斜頭小螺絲、且需要固定時，為了將螺絲的斜頭部分埋入表面，必須做斜沉頭孔的加工才行。2010年JIS修訂時新增了符號，斜沉頭孔符號╲╱的後面要標註斜沉頭孔的Ø直徑尺寸。圖5.39代表舊制的JIS規格，而圖5.40則是代表現行的JIS規格。

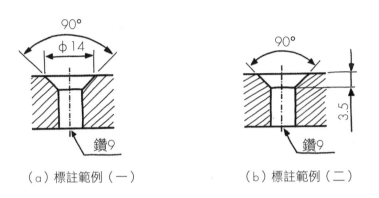

（a）標註範例（一）　　　（b）標註範例（二）

圖5.39　斜沉頭孔的標註（舊制的JIS規格）

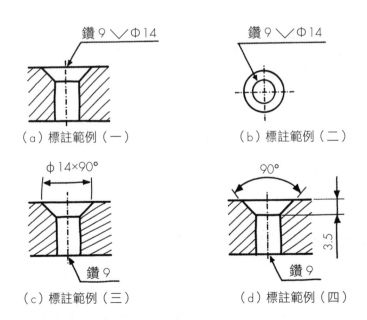

（a）標註範例（一）　　　（b）標註範例（二）

（c）標註範例（三）　　　（d）標註範例（四）

圖5.40　斜沉頭孔的標註（現行的JIS規格）

其他標註方法

長孔的標註方法

長孔的標註，有以下三種方法。圖5.41（a）的特徵是，透過測量兩點間的距離，就能簡易進行加工後的檢查。另一方面，要以間距表示時，可標註如同圖（b）所示。

同時，若要標註兩端形狀為半圓形，則可標註（R）。

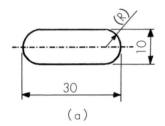

（a）

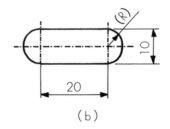

（b）

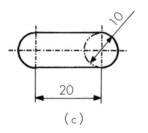

（c）

· （c）圖表示工具直徑與工具的移動距離。

· 一般都是依照不同的目的，選擇（a）圖或（b）圖。

圖5.41　長孔的標註方法

尺寸數值異於尺度時的標註方法

圖面是依照標題欄所記載的尺度繪製。可是，當這個尺度因故而不適用時，尺寸數值下面應標註粗實線＿（圖5.42）。另外，例如用折斷線等，可以很明確地表示出與尺度不同時，不標註粗實線＿也無妨。

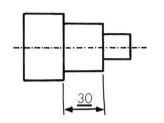

當尺寸數值下有標註粗實線＿時，代表這裡的尺寸與標題欄所記載的尺度不同。

圖5.42　尺寸異於尺度時的標註方法

傾斜孔的標註方法

接著，介紹傾斜部分的標註方法。其中之一的情況，如圖5.43（a）在斜面上開孔時，此時孔與角度都要標註。然後，在斜面上做深沉頭孔加工時，需與圖（b）一樣，標註到底部的長度。

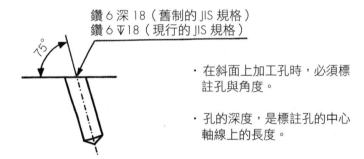

鑽 6 深 18（舊制的 JIS 規格）
鑽 6 ▽18（現行的 JIS 規格）

・在斜面上加工孔時，必須標註孔與角度。

・孔的深度，是標註孔的中心軸線上的長度。

（a）傾斜孔的標註範例

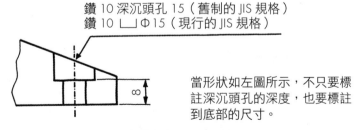

鑽 10 深沉頭孔 15（舊制的 JIS 規格）
鑽 10 ⊔ Φ15（現行的 JIS 規格）

當形狀如左圖所示，不只要標註深沉頭孔的深度，也要標註到底部的尺寸。

（b）在斜面上開深沉頭孔的標註範例

圖5.43　傾斜部分的標註方法

鍵槽的標註方法

為了將軸的動力傳導到其他零件（如齒輪等），軸與孔之間可設置鍵槽互相嵌合，以防止空轉。此時，要像圖5.44一樣標註軸與孔的鍵槽尺寸。

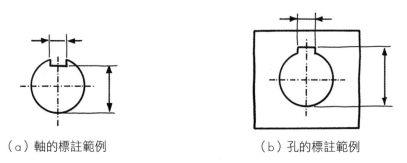

（a）軸的標註範例　　　　　　　　　（b）孔的標註範例

圖5.44　鍵槽的標註方法

區分半徑與直徑的標註

180°以內的圓弧形狀要標註半徑，超過180°的圓弧形狀則標註直徑（圖5.45）。

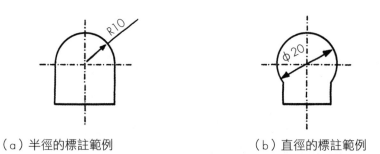

（a）半徑的標註範例　　　　　　　　　（b）直徑的標註範例

圖5.45　區分半徑與直徑的標註

第 **6** 章

尺寸公差與軸孔配合公差（嵌合公差）

第5章學習了物件尺寸大小的標註方法，這個尺寸就是目標值。不過，加工時難免會產生些許誤差，而標註公差，就是表示目標值可容許多少誤差。公差有三種標註方法，本章將依序介紹。

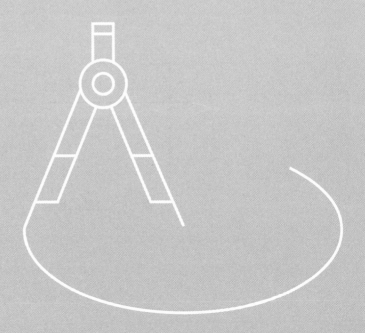

認識公差

加工不可能零誤差

JIS Z 8318

依照標註的指定尺寸進行加工，不過，即使使用多麼高精度的加工機、或者熟練的加工者再怎麼努力執行，加工也都不可能達到零誤差。舉例來說，即使依照標註長度為30mm的指示進行加工，也很難達到30.000000mm。實際上可能會是30.02mm或29.95mm，或多或少都會有一點誤差。另一方面，從設計者的立場來看，即使圖面上標註30mm，也不代表非得剛好30mm不可。通常都會有一個容許範圍，例如，加工後只要尺寸介於29.9mm到30.1mm之間，就沒問題。

標註公差的概念

由於上述理由，設計者對於目標尺寸數值（基準尺寸），會同時標註上限容許範圍與下限容許範圍。這個容許範圍中，最大的尺寸稱為最大容許尺寸，最小的尺寸則稱為最小容許尺寸。這兩個尺寸的差，便是尺寸公差（或者簡稱為公差）（圖6.1）。

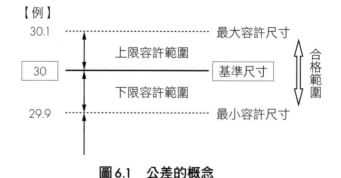

圖6.1　公差的概念

零件成本的詳細內容

那麼，公差如何訂定呢？容許範圍越小，即公差越嚴苛，就代表越難加工，相對的成本就會越高。企業為了獲取利益且確保品質，成本必須控制在最低限額。

讓我們考量公差與成本的關係，仔細確認成本的詳細內容。製造零件的必要成本（費用），大致上可分成材料費、勞務費、設備的折舊費、電費以及其他費用等四個大項。材料費是指購買鋼鐵或鋁等材料所花費的金額。接著，這些材料還要加工，所以要把加工者用來加工的時間，換算成薪水或獎金，即勞務費。然後，還要計算出使用加工機的費用；由於加工機可以購買或租賃，所以要計算出使用一次的費用（專有名詞稱為折舊費）。最後，還有啟動這台加工機所花費的電費或水費等其他成本。合計這四個成本，就等於製造一個零件所需花費的必要成本（圖6.2）。

單一個的零件成本			
材料費	勞務費 （加工者的人事費）	加工機的費用 （折舊費）	電費及 其他費用

備註：這個零件成本可以分得很細，不過這裡為了介紹大分類，以上表所示的內容呈現（不含銷售費以及一般營業費用）。

圖6.2　零件成本的詳細內容

零件成本和組裝及調整成本

　　一旦圖面上標註的公差要求嚴苛（容許的誤差範圍小），就會產生以下情況：

　　1）加工時間就會變長，勞務費也跟著提高。

　　2）因為需要使用高精度的加工機，所以加工機的使用費用（折舊費）也會跟著提高。

　　以上是公差與零件成本的關係，由此可知，設計者不但要確保品質，也要盡量選擇比較寬鬆的公差，以達到低成本的目標。然後，再把視野放寬一點來看，零件加工的下一個工程還有組裝及調整。所以整體成本很重要，必須要兼顧到雙方所需的成本才行。由於零件加工精度與組裝、調整的難易度，有著相互關係，所以把零件成本、組裝及調整成本，以及整體成本共3要件，彙整成圖6.3。

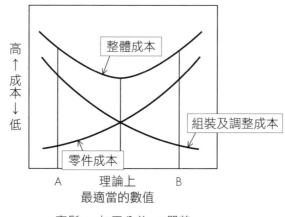

圖6.3　整體成本

　　舉例來說，A點是比較寬鬆的加工公差，零件成本較低，不過因為組裝、調整較花費時間，所以組裝及調整成本較高。反之，B點因為加工公差較嚴苛，零件成本較高，不過好在組裝、調整可以在短時間內完成，所以組裝及調整成本相對地低。圖表上整體成本最低的點就是最適當的加工

公差。實務上，因為品質是相當重要的要素，所以設計公差時，一定要先確保品質，同時兼顧零件成本和組裝及調整成本。

三種公差

這裡要介紹的公差如表 6.1 所示，總共分成三種。依使用對象不同，區分如下：

> 1）用來標註兩點間長度的「尺寸公差」。
> 2）用來標註嵌合的孔徑與軸徑的「軸孔配合公差（嵌合公差）」。
> 3）用來標註面等形狀的「幾何公差」。

這三個種類當中，最常用的是以數值表示的尺寸公差，其他兩個公差也常活用於實務上。本章介紹尺寸公差與軸孔配合公差（嵌合公差），幾何公差於第8章再介紹。

表6.1　公差的分類

分類	種類	範例	用途
尺寸公差	以數值表示	・20±0.05 　　　+ 0.2 ・20 - 0.1	用來標註 兩點之間的長度
軸孔配合公差 （嵌合公差）	以符號表示	・Ø20H7（孔側） ・Ø20g6（軸側）	用來標註 嵌合的孔徑與軸徑
幾何公差	真平度 平行度 直角度 等	▱ 0.05 // 0.02 A ⊥ 0.03 A	用來標註面等形狀

以數值表示的尺寸公差

以 ±（正負符號）表示時

　　當以目標的基準尺寸為中心，其上限容許範圍與下限容許範圍一樣時，使用 ± 符號。30±0.2時，最大容許尺寸是30.2，最小容許尺寸是29.8。

例） 30±0.2

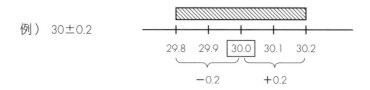

公差以兩行表示時

　　當上限容許範圍與下限容許範圍不同時，不使用方才的 ± 符號。而是分成上下分兩行，各自標註範圍。上一行是標註上限範圍，下一行則是標註下限範圍。符號為+（正號）時，代表基準尺寸的正數；符號為-（負號）時，代表負數。

例） 30 +0.2 -0.1

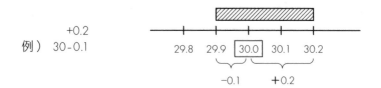

由於本範例的上限是+0.2，所以最大容許尺寸是30+0.2，也就是30.2，而下限是-0.1，所以最小容許尺寸是30-0.1，即29.9。換句話說，從29.9到30.2之間皆為合格範圍。

公差以兩行表示，但兩行皆為+（正號）時

下一個範例的上限與剛才的範例完全一樣，但下限則是不同符號，由-改成+。一旦符號改變，意思就會截然不同。

因為下限的符號為+（正號），所以最小容許尺寸是30+0.1，即30.1。

例） $30^{+0.2}_{+0.1}$

公差以兩行表示，但兩行皆為-（負號）時

本範例是上限與下限皆為-（負號）。

此時，請注意不管哪一個數值，從基準尺寸來看都是呈現負數。以下面範例來說，最大容許尺寸是30-0.1，即29.9，最小容許尺寸是30-0.2，即29.8。

例） $30^{-0.1}_{-0.2}$

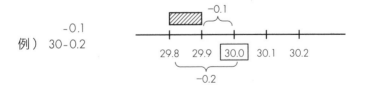

下限不可低於基準尺寸時

當下限不可低於基準尺寸（目標值）時，下限公差要標註成0。標註0不需要符號。以下面範例來說，最大容許尺寸是30.2，最小容許尺寸是30.0。

例） 30 $^{+0.2}_{0}$

上限不可高於基準尺寸時

當上限不可高於基準尺寸（目標值）時，上限公差要標註成0。範例的最大容許尺寸是30.0，最小容許尺寸是29.9。

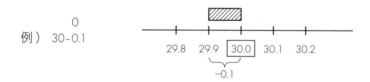

例） 30 $^{0}_{-0.1}$

小數點後有幾位數具有極大的意思

只標註0的時候，不需要使用符號或小數點，但是換成其他情形，就必須特別注意小數點的位數了。因為從有效數字的觀點來看，意義不同。例如30±0.2與30±0.20的意思不同。

因為 ±0.2 是標註到小數點後的第一位數，所以第二位數要四捨五入進位到第一位數。假設要測量製造完成的零件長度，一般來說，測量儀是使用可以測量到判定基準的 10 分之一的機器，所以若測量值為 30.24 的話，則小數點後的第二位數就要四捨五入進位成 30.2，即代表合格。不過，如果測量值是 30.25 的話，四捨五入後是 30.3，即代表不合格。

接著，若是 ±0.20 的話結果會如何？因為這次是要將小數點後的第三位數四捨五入，所以假設是 0.204 的話，四捨五入後是 0.20，即代表合格。萬一是 0.205 的話，四捨五入後是 0.21，即代表不合格。

如上所述，由於判定結果會隨著取幾位數而改變，所以最重要的是，設計者需衡量必要的精度，以決定公差應該取到幾位數（圖 6.4）。

a） 29.75   ≦ 30 ± 0.2   ≦ 30.24

b） 29.795 ≦ 30 ± 0.20 ≦ 30.204

$$\text{c）}\quad 29.85 \quad \leqq \quad 30 \begin{smallmatrix} +0.2 \\ -0.1 \end{smallmatrix} \quad \leqq \quad 30.24$$

$$\text{d）}\quad 29.895 \quad \leqq \quad 30 \begin{smallmatrix} +0.20 \\ -0.10 \end{smallmatrix} \quad \leqq \quad 30.204$$

圖 6.4　有效數字的範例

為何不全部標註 ±（正負）符號？

綜前所述，標註公差的方法，可使用 ± 符號或者分成兩行來標註。或許有人會問，為什麼不全部都用 ± 符號來標註就好？以下來探究理由。由於內文受到印刷上的限制，只能印成一行，所以公差用上限／下限來表示。

舉例來說，用 ± 符號標註 30+0.3 ／ +0.1 看看。首先，要先計算出中心值（基準尺寸）。因為最大容許尺寸是 30.3，最小容許尺寸是 30.1，所以位於中間的基準尺寸是 30.2。由於這等於以 30.2 為中心加減 0.1，所以也能用 30.2±0.1 來表示（圖 6.5）。

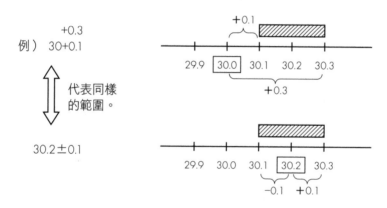

圖 6.5　不同的公差標註

可是，有的時候不見得要用 ±（正負符號），也有以兩行標註公差的方法。例如嵌合有凹凸的情況。此時，凹部要標註成 30+0.3 ／ +0.1，凸部則標註成 30 0 ／ -0.1。

這種標註方法具有以下優點：

1）因為這兩個部位的基準尺寸都是 30，所以比較容易理解這是互相嵌合的關係。

2）可以簡單心算出凹凸部位嵌合時的間隙（或稱餘隙，clearance）寬度。因為最大間隙是凹部的最大容許尺寸，與凸部的最小容許尺寸的差，所以可以算出 +0.3 與 -0.1 之間相差 0.4，這便是最大間隙。

反之，最小間隙則是凹部的最小容許尺寸，與凸部的最大容許尺寸的差，所以可以算出+0.1與0之間相差0.1。如此一來，就能簡單理解最小間隙就是0.1了（圖6.6）。

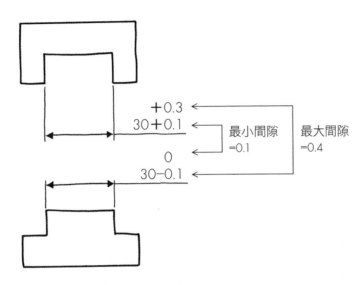

圖6.6　容易理解間隙寬度的標註

　　這個凹凸部位的公差，若分別以±（正負符號）標註時，凹部是30.2±0.1，凸部則是29.95±0.05。因為這樣的標註與基準尺寸不同，所以比較難算出間隙（餘隙）寬度。

　　基於上述理由，當物件為凹凸嵌合時，不管對製圖者或閱圖者來說，以兩行標註公差的方法，是最簡潔易懂的方法了。

方便好用的通用公差

統一標註公差　　　　　　　　　　　　　　　JIS B 0405

　　到目前為止，本書所介紹的尺寸公差，都必須一個一個地標註尺寸。只是，現實上這麼做，會有一些問題存在。

> 1）全部尺寸都要標註公差的話，對設計者來說負擔相當地大。
> 2）圖面上全是公差標註，閱圖難度高。
> 3）有很多尺寸不需要那麼嚴苛的公差。

　　其對策是不要個別標註公差，而是採用統一標註的方法。這個方法相當有用，幾乎所有圖面都會採用。而這種統一標註的公差，被稱為通用公差，雖然目前尚未有正式名稱，但通稱就是通用公差。

JIS 規格的通用公差

　　那麼，該如何訂立統一標註的公差呢？有以下兩種方法：

> 1）採用 JIS 規格所規定的通用公差。
> 2）由自家公司設定通用公差（公司內部規格）。

　　首先，先看 1）的 JIS 規格通用公差。

　　JIS 規格為了便於使用，設定成四種等級。按照精度高低，依序分成精密、中級、粗級、極粗級。然後，同等級內也有分別，尺寸較大時，公差就會設得比較寬鬆。至於選擇等級的方法，大多都會選用高於適用公差的等級。

每張圖面都可以設定等級，不過，通常每間公司都只會選用一種等級。因為各業種講求的精度都是既定的，所以沒必要每張圖面都檢討等級。例如精密機械的設計最常用「中級（m）」。

JIS的通用公差如表6.2所示。假設有一張標註「中級」的圖面，圖面上標註的尺寸是15mm，現在讓我們從下表查看公差到底是多少。因為15 mm符合尺寸級數中「大於6、30以下」的欄位，所以順著這一行移向右邊，找到「中級」的欄位，就可以看到標註「±0.2」的公差。換句話說，即「15±0.2」的意思。假設尺寸為35mm，就是符合「大於30、120以下」的欄位，依照表格可以比對出公差是「35±0.3」。

表6.2　尺寸的通用公差

（單位：mm）

尺寸級數		公差等級			
		精密 （f）	中級 （m）	粗級 （c）	極粗級 （v）
0.5 以上	3 以下	±0.05	±0.1	±0.2	－
大於 3	6 以下	±0.05	±0.1	±0.3	±0.5
大於 6	30 以下	±0.1	±0.2	±0.5	±1
大於 30	120 以下	±0.15	±0.3	±0.8	±1.5
大於 120	400 以下	±0.2	±0.5	±1.2	±2.5
大於 400	1000 以下	±0.3	±0.8	±2	±4
大於 1000	2000 以下	±0.5	±1.2	±3	±6
大於 2000	4000 以下	－	±2	±4	±8

* 關於未滿0.5mm的尺寸，必須個別標註。

角度的通用公差

相較於剛才的尺寸公差，角度的通用公差如表6.3所示。

表6.3　角度的通用公差

尺寸級數 （單位：mm）		公差等級			
		精密 （f）	中級 （m）	粗級 （c）	極粗級 （v）
10以下		±1°		±1° 30'	±3°
大於10	50以下	±30'		±1°	±2°
大於50	120以下	±20'		±30'	±1°
大於120	400以下	±10'		±15'	±30'
大餘400		±5'		±10'	±20'

*「尺寸級數」是指對象物角度的短邊長度。

學習標註採用的公差等級

採用的級數要標註在圖面上，標註方法有兩種：

1）在標題欄附近標註採用的JIS編號。標註方法是「JIS B 0405-（公差等級符號）」。例如採用中級時，就要標註「JIS B 0405-m」。等級符號請參考表6.2。

2）將採用的通用公差表整個配置在標題欄附近。

標註方法雖然有以上兩種，不過一般都是採用後者，即「配置表格」，比較方便。只標註JIS規格編號的話，要確認尺寸時，就必須要比對通用公差表才行。相較於此，直接在圖面上配置公差表，比較容易理解。尤其是採用自家公司訂立的規格（公司內部規格）來設定通用公差，而不使用JIS的通用公差表時，只要將這個自訂的公差表配置在圖面上，就能使閱圖者一目了然。

不符合通用公差的公差應個別標註

　　雖然設定通用公差，就不需要再逐個標註公差，不過，這也不代表通用公差能對應所有公差。凡是不符合通用公差的尺寸，都必須要逐個標註必要的公差。舉例來說，假設尺寸數值20mm的必要公差是±0.05mm，但是因為中級的通用公差是±0.2mm，所以此時尺寸數值20mm的公差，要另外標註成「20±0.05mm」。像這樣直接在尺寸後面標註公差的範例，就是代表要依照這個標註的公差，而不是依照通用公差。圖6.7的範例是適用於通用公差的中級。

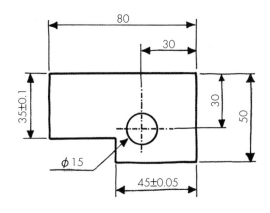

・沒有標註公差的尺寸應比照通用公差。
　∅15 與 30 的 公 差 是 ±0.2，50 與 80 的 公 差 是
　±0.3。

・需要使用異於通用公差的公差時，應個別標註公
　差（本範例是指35與45這兩個尺寸）。

・因為採用通用公差，所以上圖的7個尺寸當中，
　只要標註出2個異於通用公差的尺寸公差即可。

圖6.7　通用公差（中級）的範例

以符號表示軸孔配合公差（嵌合公差）

軸孔配合公差（嵌合公差）的定義與種類　　　　JIS B 0401

這裡介紹不標註數值、而是以符號表示的軸孔配合公差（嵌合公差）。軸孔配合公差，是指孔與軸互相嵌合的關係。以機械零件來說，相當於軸承與軸心等的配合（嵌合）。因為配合（嵌合）是把孔與軸重疊在一起，所以特徵是要同時決定孔徑公差與軸徑公差。配合（嵌合）分成以下兩種（圖6.8）：

1）餘隙配合（clearance fit，又稱留隙配合）

由於孔徑比軸徑還大，所以配合（嵌合）時會產生餘隙，讓軸得以自由轉動。

2）干涉配合（stationary fit，又稱壓入配合）

與餘隙配合相反，軸徑比孔徑還大。

當然這些沒辦法用手力嵌合，通常都要使用木槌、塑膠槌或壓機（press）來使其嵌合。實務上稱為壓入。

餘隙配合與干涉配合（壓入）的用途

想要透過軸承與軸心的組合，促成直線運動或者迴轉時，可選用餘隙配合。另一方面，要將軸心固定在材料上，則是選用干涉配合。雖然固定材料可透過螺絲或焊接、接著劑等各式各樣的方法，但這個干涉配合算是較常用的固定方法之一。尤其是固定大面積基板的定位銷時，採用干涉配合（壓入）最為恰當。

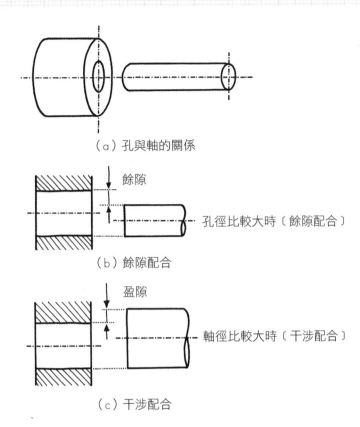

（a）孔與軸的關係

餘隙

孔徑比較大時〔餘隙配合〕

（b）餘隙配合

盈隙

軸徑比較大時〔干涉配合〕

（c）干涉配合

圖6.8　餘隙配合與干涉配合

決定孔軸配合公差的步驟，彙整如下：

1）當要按照物件規格做孔與軸的嵌合時，應先假想可容許的偏差值
　　後，再決定餘隙量。
2）從餘隙量逆算，以決定孔徑與軸徑的公差。

以上是決定配合公差的步驟，不過舉例來說，精密機器容許的餘隙量
單位是微米。1微米（μm）等於1000分之1公釐（mm）。因為餘隙量如
此微小，所以決定孔徑與軸徑的公差，也要以微米為單位。

最小餘隙與最大餘隙

　　配合的餘隙量，是依照孔與軸雙方的公差而定。也就是說，加工後孔與軸嵌合時的最小餘隙，是公差範圍內孔的最小尺寸（最小容許尺寸），搭配軸的最大尺寸（最大容許尺寸）。反之，最大餘隙則是孔的最大容許尺寸，搭配軸的最小容許尺寸（圖6.9）。至於干涉配合（壓入），孔的最大容許尺寸，搭配軸的最小容許尺寸的差，稱為最小干涉；而孔的最小容許尺寸，搭配軸的最大容許尺寸，則稱為最大干涉（圖6.10）。

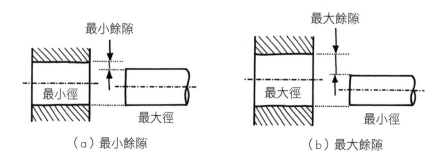

（a）最小餘隙　　　　　　　　　　（b）最大餘隙

圖6.9　最小餘隙與最大餘隙

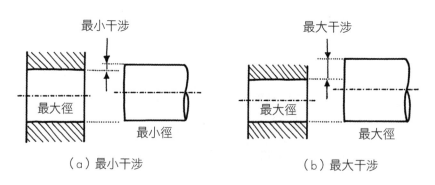

（a）最小干涉　　　　　　　　　　（b）最大干涉

圖6.10　最小干涉與最大干涉

為何要用符號表示

為何這個配合公差不是標註數值，而是標註符號呢？

舉例來說，假設餘隙是0.1mm左右時，決定孔與軸的公差並不是難事。但如果餘隙量精細至0.001mm左右，那麼，對設計者來說，決定孔徑公差與軸徑公差，會是個相當大的負擔。因此，JIS規格是以0.001mm的公差來做分類，並且個別賦予符號。然後，設計者再如圖6.11所示，從分類的公差中選出適當的符號，標註在圖面上。

用符號標註公差的好處，有以下兩點：

1）由於設計者只要選擇符號就好，所以設計效率可獲得明顯提升。

2）標註0.001左右的尺寸公差時，因為小數點後面有三位數，所以圖面比較繁雜，相較於此，標註符號可讓圖面顯得簡潔易懂。

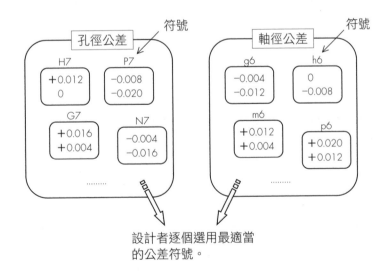

設計者逐個選用最適當的公差符號。

圖6.11　從分類後的公差符號中選擇

配合公差的符號

　　配合公差的符號依照規則而定，「公差等級」便屬規則之一。公差等級把上限值與下限值的差，即容許範圍，以數字1到18分成18個等級。(編按：CNS公差等級，則分為IT01、IT0、IT1、IT2……IT18，共20個等級) 還有另一個規則是「公差範圍」，即目標尺寸搭配哪個公差等級，代表有多少公差範圍。孔是以英文大寫A到ZC，分成28類，比目標值大且為上限值的是A，比目標值小且為下限值的是ZC。然後，軸是以英文小寫a到zc分成28類，比目標值大且為上限值的是a，比目標值小且為下限值的是zc。

> 綜整以上所述，公差符號的標註如下：
> 孔的標註：「公差範圍的符號（大寫）」+「公差等級的數字」例）H7
> 軸的標註：「公差範圍的符號（小寫）」+「公差等級的數字」例）g6

標註配合公差

　　上述公差符號是標註在孔、軸的直徑尺寸後面（圖6.12）。
　　孔的標註：「孔的直徑符號」+「公差符號」例）Ø20H7
　　軸的標註：「軸的直徑符號」+「公差符號」例）Ø15g6

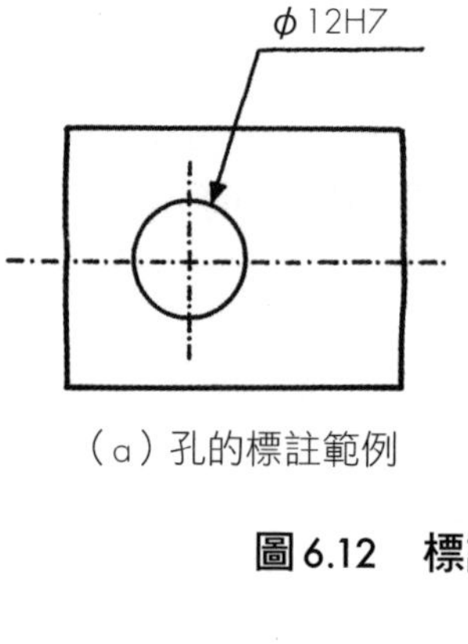

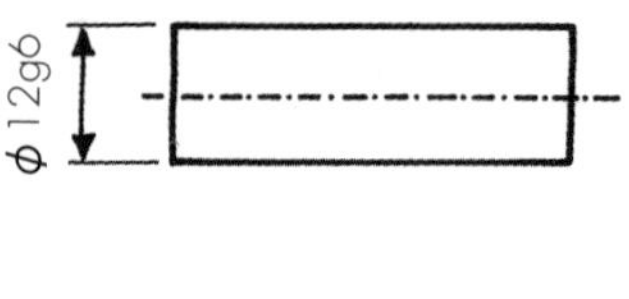

（a）孔的標註範例　　　　　　（b）軸的標註範例

圖6.12　標註配合公差的範例

孔的配合公差一覽表

摘錄一部分孔的配合公差表如表6.4，單位是微米（μm）。

表6.4　孔的配合公差值

（單位：μm）

基準尺寸		孔的公差符號				
大於～	～以下	F7	G7	H7	JS7	K7
－	3	+ 16 + 6	+ 12 + 2	+ 10 0	± 5	0 - 10
3	6	+ 22 + 10	+ 16 + 4	+ 12 0	± 6	+ 3 - 9
6	10	+ 28 + 13	+ 20 + 5	+ 15 0	± 7.5	+ 5 - 10
10	18	+ 34 + 16	+ 24 + 6	+ 18 0	± 9	+ 6 - 12
18	30	+ 41 + 20	+ 28 + 7	+ 21 0	± 10.5	+ 6 - 15
30	50	+ 50 + 25	+ 34 + 9	+ 25 0	± 12.5	+ 7 - 18
50	80	+ 60 + 30	+ 40 + 10	+ 30 0	± 15	+ 9 - 21
80	120	+ 71 + 36	+ 47 + 12	+ 35 0	± 17.5	+ 10 - 25
120	180	+ 83 + 43	+ 54 + 14	+ 40 0	± 20	+ 12 - 28
180	250	+ 96 + 50	+ 61 + 15	+ 46 0	± 23	+ 13 - 33

軸的配合公差一覽表

摘錄一部分軸的配合公差表如表6.5。

表6.5　軸的配合公差值

（單位：μm）

基準尺寸		軸的公差符號				
大於～	～以下	f6	g6	h6	p6	r6
－	3	－ 6 －12	－ 2 － 8	0 － 6	＋12 ＋ 6	＋16 ＋10
3	6	－10 －18	－ 4 －12	0 － 8	＋20 ＋12	＋23 ＋15
6	10	－13 －22	－ 5 －14	0 － 9	＋24 ＋15	＋28 ＋19
10	18	－16 －27	－ 6 －17	0 －11	＋29 ＋18	＋34 ＋23
18	30	－20 －33	－ 7 －20	0 －13	＋35 ＋22	＋41 ＋28
30	50	－25 －41	－ 9 －25	0 －16	＋42 ＋26	＋50 ＋34
50	65	－30 －49	－10 －29	0 －19	＋51 ＋32	＋60 ＋41
65	80					＋62 ＋43
80	100	－36 －58	－12 －34	0 －22	＋59 ＋37	＋73 ＋51
100	120					＋76 ＋54
120	140	－43 －68	－14 －39	0 －25	＋68 ＋43	＋88 ＋63
140	160					＋90 ＋65
160	180					＋93 ＋68

基準尺寸		軸的公差符號				
大於～	～以下	f6	g6	h6	p6	r6
180	200	-50 -79	-15 -44	0 -29	＋79 ＋50	＋106 ＋ 77
200	225					＋109 ＋ 80
225	250					＋113 ＋ 84

公差一覽表的對照方法

以下讓我們對照這個配合公差一覽表，實際操作看看。

當孔徑標註 Ø20H7時，請看表6.4左側的基準尺寸欄位。這個欄位的「大於～」表示不包含該數值，但「～以下」則表示包含該數值。舉例來說，這次的範例是20，所以符合「大於18、30以下」的欄位。接著，看符合公差符號H7的欄位，便可得到上一行數值為+21，下一行數值為0。這個欄位裡的數值便是公差，此時請注意這是微米（μm）單位。因此，要乘以1000分之1，換算成公釐（mm），換句話說，Ø20H7的公差即為+0.021/0。

軸徑公差的查閱方式也相同。當軸徑標註 Ø20g6時，請選擇表6.5左側基準尺寸欄位的「大於18、30以下」，接著，讀取符合公差符號g6欄位中的數值。因為上一行是-7，下一行是-20，乘以1000分之1換算成公釐後，Ø20g6的公差是 -0.007/-0.020。

餘隙（間隙）量的算法

那麼，接下來讓我們對照看看，把方才範例Ø20g6的軸插入Ø20H7的孔時，餘隙（間隙）量會是多少？

首先，最小餘隙的算法，是孔的最小容許尺寸減去軸的最大容許尺寸，所以等於20.000-19.993=0.007（mm）。

另一方面，最大餘隙的算法，是孔的最大容許尺寸減去軸的最小容許尺寸，等於20.021-19.980=0.041（mm）。

也就是說，把Ø20g6的軸插入Ø20H7的孔時，餘隙大約介於7μm到41μm之間。然後，由於金屬與樹脂材料會熱漲冷縮，所以要在溫度20℃時，決定配合（嵌合）尺寸（圖6.13）。

公差		種類	實際尺寸（mm）		
Ø20H7	Ø20 +0.021 / 0	最大容許尺寸	20.021	最小餘隙	最大餘隙
		最小容許尺寸	20.000		
Ø20g6	Ø20 -0.007 / -0.020	最大容許尺寸	19.993		
		最小容許尺寸	19.980		

· 最小餘隙 =20.000-19.993=0.007（mm）
　最大餘隙 =20.021-19.980=0.041（mm）

· 決定配合（嵌合）時的溫度為20℃。

圖6.13　餘隙（間隙）量

建議以孔為基準

　　配合（嵌合）時最重要的，是孔與軸的餘隙量。這個餘隙量依物件規格而定。只要決定餘隙量，便能衡量孔的內徑公差與軸的外徑公差，此時可以採用的方法，分成以孔為基準、或者以軸為基準兩種方法。

　　以孔為基準的方法，是先決定孔徑的公差後，再以剩餘的餘隙量來決定軸的公差。反之，以軸為基準的方法，則是先決定軸徑的公差後，再以剩餘的餘隙量來決定孔的內徑公差。

　　一般來說，實務上都採用前者，以孔為基準的方法。因為要完成孔的加工必須使用一種稱為絞刀的工具，以及檢查用的極限量規，所以假設以孔為基準的話，只要使用少數器具就能達到目標。另外，軸加工時會使用一種稱為車床的加工機，這時只要改變刀刃的迴轉數，就能對應所謂的公差了（圖6.14）。

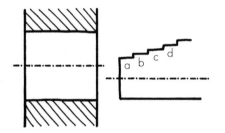

以孔為基準時是孔的公差
固定不變，然後依照用途
選用適當的軸公差。

孔的公差固定
不變。

依照用途選用適
當的軸公差。

圖6.14　以孔為基準時

配合（嵌合）符號的組合

　　表6.6是JIS規格中以孔為基準的組合。對於H6到H10這5種孔公差，記載了餘隙配合、過渡配合（後續再說明），以及干涉配合的軸公差。為了能依照配合（嵌合）程度來選擇，軸公差符號的欄位裡，介紹了複數個公差符號。意思是指，當基準孔為H7時，採用餘隙配合，可以從f6到h7之中，由六種尺寸中擇一。

　　孔公差的公差範圍全部都是H，而且下限公差也全都是0，所以這是相當容易檢討的公差設定。

表6.6　JIS規格以孔為基準的配合（嵌合）表

基準孔	軸的公差符號								
	餘隙配合				過渡配合		干涉配合		
H6	g5	h5			js5	k5			
					m5				
	f6	g6	h6		js6	k6	n6	p6	
					m6				
H7	f6	g6	h6		js6	k6	p6	r6	s6
					m6	n6	t6	u6	x6
	e7	f7	h7		js7				
H8	f7	h7							
	e8	f8	h8						
	d9	e9							
H9	d8	e8	h8						
	c9	d9	e9	h9					
H10	b9	c9	d9						

表格對照方法：先決定左欄的基準孔，然後再從表中選出適合的軸公差。

在這裡筆者建議，最好預先決定好幾組孔公差與軸公差的組合模式，不要每次設計配合公差時才檢討。設計時，從預設組合模式中選擇，可有效提升設計效率。

以下介紹精密機械常用的組合模式。採用以孔為基準的方法，然後孔固定採用市面上加工工具通用性較高的 H7 公差，接著再依照用途來選擇軸公差。當要求的動作（直線運動或迴轉運動）必須精密到幾乎不能允許有偏差時，就要採用餘隙配合選擇 g6 公差。另一方面，採用干涉配合（壓入）來固定軸或銷釘時，可以選用 r6 公差、或者稍微寬鬆的 p6 公差（表6.7）。

如同此範例，要採用何種組合，通常每間公司都會有默認的既定組合模式，因此最有效的方法，就是先調查自家公司內的採用實績。

另外，當餘隙大到 0.1mm 左右時，就不使用配合（嵌合）符號，而是改以數值表示。

表6.7　精密機械常用的公差符號

	孔徑公差	軸徑公差	概要
餘隙配合	H7	g6	幾乎沒有偏差 精密配合（嵌合）
干涉配合 （壓入）		r6	一般的壓入公差
		p6	比 r6 還寬鬆的壓入公差

＊以孔為基準的方法，是將孔徑固定在 H7 公差，然後再依用途選擇軸徑公差。

過渡配合

這裡補充說明表6.6中的「過渡配合」。這個過渡配合，是指在設計階段配合（嵌合）孔與軸時，不確定是餘隙配合、還是干涉配合時的公差。換句話說，只有完成零件實際配合（嵌合）孔與軸後，才會知道是餘隙配合還是干涉配合。

相較於有明顯用途的餘隙配合與干涉配合（壓入），公差通常都不太會選擇這種設計階段不知道會成為哪一種配合的過渡配合。以用途來說，不允許一點餘隙的高精度定位，如果用干涉配合（壓入）也不會造成破損，還確保可以拆除時，就能採用這種過渡配合。

公差的口語表現

最後為了提供讀者參考，以下介紹有關誤差、公差、精度等各種程度的口語表現。

・誤差：小／大
・公差：嚴苛／寬鬆、嚴格／寬鬆、狹小／寬大
・精度：高／低、嚴苛／寬鬆

第 7 章

實際標註尺寸

本章說明標註尺寸時的實際重點。第一點是尺寸應該標註在哪張圖面，以及標註時的注意事項。第二點是基準的考量方法，和以此為基礎來標註尺度線的方法。

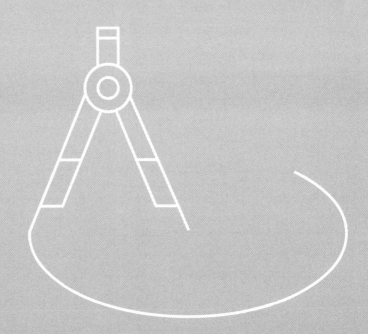

練習標註尺寸

在正視圖標註尺寸　　　　　　　JIS B 0001

　　第3章中提到，最能呈現物件形狀的是正視圖。雖然實務上來說免不了有例外，但即使有例外，也應該盡量把尺寸標註在正視圖裡。因為若將尺寸分別標註在不同圖面，容易增加閱圖難度。圖7.1介紹的是正確範例與錯誤範例，請讀者親自比較看看。這個圖形原本只要二視圖即可，但這裡為了方便確認，特地以三視圖呈現。

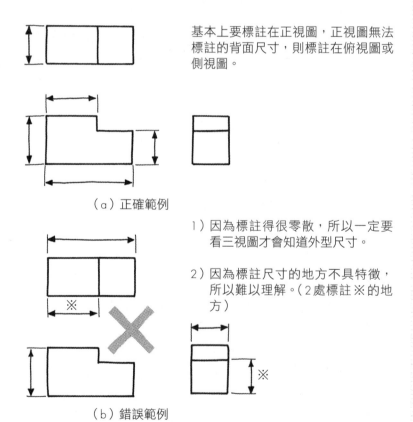

基本上要標註在正視圖，正視圖無法標註的背面尺寸，則標註在俯視圖或側視圖。

（a）正確範例

1）因為標註得很零散，所以一定要看三視圖才會知道外型尺寸。

2）因為標註尺寸的地方不具特徵，所以難以理解。（2處標註 ※ 的地方）

（b）錯誤範例

圖7.1　在正視圖中間標註尺寸

尺寸要標註在實線

　　把尺寸標註在畫隱藏線（虛線）的地方，會不容易理解，應盡量避免。因為隱藏線在別的圖面中是以實線呈現，所以要如圖 7.2 所示，將尺寸標註畫實線的地方。

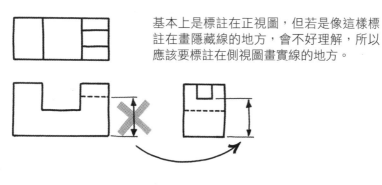

基本上是標註在正視圖，但若是像這樣標註在畫隱藏線的地方，會不好理解，所以應該要標註在側視圖畫實線的地方。

圖 7.2　標註在實線

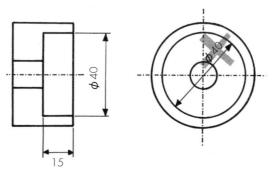

相關尺寸標註在同一個圖面

　　圖 7.3 是孔標註 Ø40 深 15 的範例。直徑與深度若分別標註在不同的圖面上，進行加工時，就必須分別查看個別圖面才行。直徑與深度等相關尺寸，應該要統一標註在同一個圖面上。

因為直徑與深度都要加工，所以要一起標註。

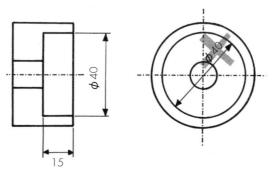

圖 7.3　相關尺寸標註在同一個圖面內

嚴禁標註兩種尺寸

標註兩種尺寸的意思是指,在同一個地方標註兩種不同的尺寸。圖 7.4(a)的範例,標註了整體尺寸的(I)段與(II)段這兩種尺寸,像這樣標註兩種尺寸是絕對禁止的。至於為何會被禁止,首先要先運用剛才學習的尺寸公差來做檢驗。這個圖面上有標註是 JIS 通用公差中的中級。因此,(I)段的標註是 85±0.3,但(II)段的標註卻是(20±0.2)、(30±0.2)、(35±0.3),總計是 85±0.7。由以上內容可得知,雖然這是同樣的寬幅,但(I)段是 85±0.3,(II)段卻是 85±0.7,彼此之間有所矛盾,所以才會嚴禁標註兩種尺寸。

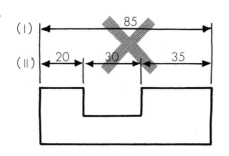

<(I)段的公差>
・85 的通用公差是 ±0.3。

<(II)段的公差>
・20 的通用公差是 ±0.2。
・30 的通用公差是 ±0.2。
・35 的通用公差是 ±0.3。

(a)重複標註尺寸的範例

備註:通用公差為 JIS 規格中的中級時

標註的 尺寸	各尺寸			合計	外型尺寸
	20±0.2	30±0.2	35±0.3		
最大容許尺寸	20.2	30.2	35.3	85.7	85±0.7
最小容許尺寸	19.8	29.8	34.7	84.3	

(b)計算(II)段的外形公差

圖7.4 嚴禁標註兩種尺寸

那麼要如何標註才好呢？答案是，只在講求精度的地方標註尺寸就好。舉例來說，當講求20mm、30mm、35mm的精度時，要像（II）段一樣標註清楚。不需計算外型尺寸時，標註像（I）段的參考尺寸就好，如圖7.5（a）所示，加上括號標註成（85）即可。參考尺寸（　），是代表通用公差以外也適用的意思，所以彼此之間不會產生矛盾。

再者，當講求20mm、30mm與全長85mm的精度時，應標註如同圖（b）所示。此時，沒標註的尺寸35，其完成尺寸可以從三個公差中算出，最大容許尺寸是取85為最大值、且20與30為最小值時，即（85.3-19.8-29.8=35.7）。而最小容許尺寸，則是取85最小值、且20與30為最大值時，即（84.7-20.2-30.2=34.3）。綜合以上，可得知結果是35±0.7。如上所述，哪裡需要標註尺寸，是依照要求的精度而定。

不講求精度的地方就不需要標註，例如這裡的尺寸35就不用標註。完成時的尺寸是35±0.7。

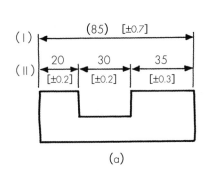

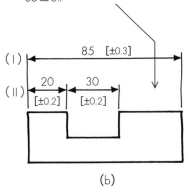

(a)　　　　　　　　　　　　　　　(b)

圖中所標註的[±公差]，僅限於這裡用來說明而已，實務上圖面並沒有標註。

圖7.5　在講求精度的地方標註尺寸

第7章

實際標註尺寸

嚴禁重複標註尺寸

　　同一個地方的尺寸數值，不管在同一張圖面或者不同圖面上，都不可以重複標註。覺得多標註幾個地方比較方便，這個想法是錯的。這在第2章的修訂欄這小節有提過，尺寸數值若標註在兩個以上的地方，一旦需要修訂，很容易會漏掉其中一個沒改到。一旦漏改，圖面上標註的尺寸，就會同時存在訂正前與訂正後這兩種不同的尺寸。雖然2010年修訂規格時有註明，重複標註的尺寸只須在尺寸數值前加註黑點●即可，不過這條規格有一個前提，就是只適用於一個零件畫在兩張以上的圖面時，即適用於一圖多零件時。一圖一零件，即一張圖面只畫一個零件時，禁止重複標註尺寸（圖7.6）。

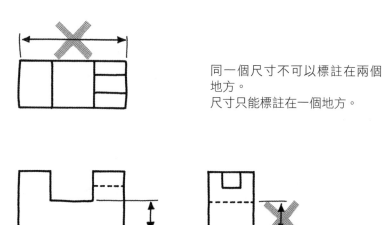

同一個尺寸不可以標註在兩個地方。
尺寸只能標註在一個地方。

圖7.6　嚴禁重複標註尺寸

標註尺寸時應以不需計算為原則

　　對閱圖者來說，圖面必須簡潔易懂。因此，需要一邊看一邊計算的圖面，算是不合格的圖面。加工者通常都最先想知道外型尺寸，但是，若標註方法像圖7.7（a）那樣，就需要多一道計算程序。因此，對策是像同圖（b），直接標註外型尺寸，最為方便。可是，這個外型尺寸為了避免尺寸重複標註，必須加上括號標註成（80）才行，代表不適用本圖面上所標註的公差。

　　這與前面圖7.5（a），把尺寸85加上括號標註成（85）的意思一樣。如上所述，尤其是外型尺寸的寬、高、深等尺寸，盡量標註成不需計算，便可一目了然。

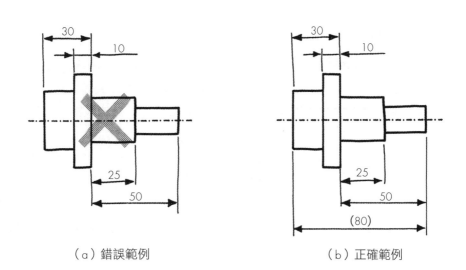

（a）錯誤範例　　　　　　　　　　（b）正確範例

圖7.7　不需計算的圖面

有關重要的基準面

為何需要基準面

　　標註尺寸之前，必須先決定基準面。因為這樣可在企劃‧構想階段，有效率地決定規格。若不設立這個基準，可能會讓原本非必要的地方，變成不得不適用嚴苛的公差；或者在組合實物的組裝、調整階段花費了大把時間後，卻演變成不得不再次加工。決定基準的好處就是可以節省這些時間。換句話說，基準之所以重要，是因為不管在成本方面或時間方面，都可以有效率地製造物品。

決定三方向的基準

　　決定基準面的時機點，不是在繪製零件圖時，而是由設計者在繪製計畫圖的階段，就決定好完成品的基準。只要決定完成品的基準，構成這個物件的各個零件，就可以依照這個基準，來繪製零件圖與組裝圖。並且，決定要以左右方向、前後方向或高度方向的哪一邊來當做基準。一般來說，高度方向都是以物件底面做為基準。這是因為底面會放在基礎面或者支架上使用的關係。至於左右方向或前後方向，到底要選擇哪一邊來當做基準，這點雖然常使人猶豫難以決定，不過，要是各公司或各部門，能統一決定以哪一邊當做基準面，那麼事情就簡單多了。只要將自家公司的設計基準標準化，並且表明「以左邊、前面做為基準」，之後即使設計者或設計助理有異動，在使用以前的圖面時（流用圖面），也能用統一基準來繪製圖面。因此，必須要避免每個零件的基準參差不齊。

依照不同基準來標註尺寸

　　圖7.8是依照不同基準來標註尺寸的範例。假設零件圖是由繪製計畫圖的設計者所繪製，勢必對設計基準瞭若指掌，當然不會有什麼問題。不過，若是由設計助理接手來繪製零件圖時，設計者的設計基準資訊是否完整傳達，就十分重要。此時，只要像前面所述，由各公司或各部門決定好基準，就不怕資訊不統一了。

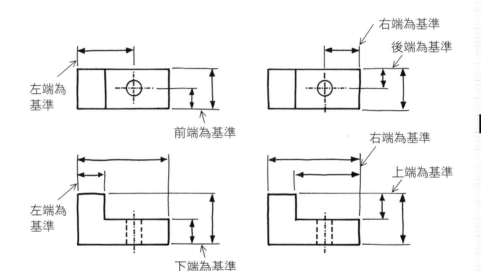

（a）左邊、前面、下面為基準的範例　　（b）右邊、後面、上面為基準的範例

圖7.8　依照不同基準來標註尺寸

連續式標註法與基線式標註法

　　標註尺寸有三種方法。如圖7.9所示，有「連續式標註法」、「基線式標註法」以及「累進尺度標註法」。同圖（b）的基線式標註法，與同圖（c）的累進尺度標註法，是呈現與基準面之間的距離。雖然不需要特別記住這些標註法的名稱，然而每個標註法有不同的意義，故依序介紹如下。

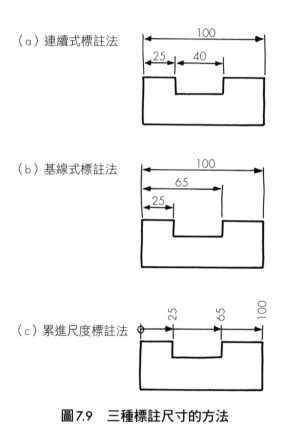

（a）連續式標註法

（b）基線式標註法

（c）累進尺度標註法

圖7.9　三種標註尺寸的方法

圖面的連續式標註法與基線式標註法,所呈現出的意義完全不同。以圖7.10來說,當通用公差是比照JIS規格的中級時,距離左端65mm處的尺寸公差,以同圖(a)的連續式標註法來看是65±0.5,而以同圖(b)的基線式標註法來看則是65±0.3,由此可知,兩邊的圖面截然不同。

　　凹部若講究寬40mm的精度,就要使用連續式標註法。例如這個寬40mm的地方,必須與其他零件毫無縫隙地嵌合時。反之,當講究的不是這個40mm寬的尺寸,而是距離左端65mm的精度時,則使用基線式標註法。假設凹部寬40mm的尺寸公差明明需要±0.05,但卻採用基線式標註法時,25mm與65mm的尺寸公差,就必須要分別標註出±0.025的公差,否則會無法確保尺寸40mm的±0.05,標註成過多的公差。如上所述,要依照需求的精度來選擇標註法。

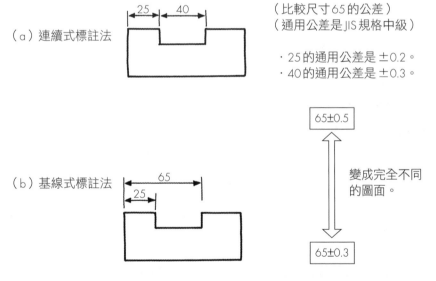

(a)連續式標註法

(比較尺寸65的公差)
(通用公差是JIS規格中級)

・25的通用公差是±0.2。
・40的通用公差是±0.3。

(b)基線式標註法

65±0.5

變成完全不同的圖面。

65±0.3

圖7.10　連續式標註法與基線式標註法的差異

以一條尺度線標註的累進尺度標註法

　　第三個累進尺度標註法，只有標註方法與基線式標註法不同，但呈現在圖面上的意思卻完全一樣。當形狀複雜時，標註尺寸的數量也會跟著變多。用基線式標註法標註，就會呈現如圖7.11，必須要有大空間來標註。不過，累進尺度標註法的特徵，就是無論形狀多麼複雜，都可以同圖（b）一樣，以一條尺度線來標註。但基準點是用白色空心的小圓點（〇）表示，不標註0。

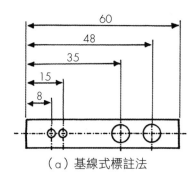

（a）基線式標註法

・標註多個尺寸時，採用累進尺度標註法，可使圖面看起來簡潔且易懂。
・標註3個尺寸時，採用基線式標註法比較易讀。不過，若超過4個以上，採用累進尺度標註法，可使圖面看起來簡潔且易懂。

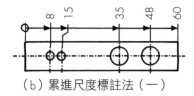

（b）累進尺度標註法（一）

・雖然JIS規格裡沒有記載，但是間隔狹窄的地方，要像（b）圖標註15的地方，把尺度界線彎曲對應。

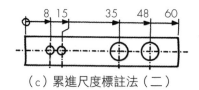

（c）累進尺度標註法（二）

・尺寸數值如（c）圖所示，也有標註在尺度線上面的方法。

圖7.11　累進尺度標註法

圖7.12是舊制規格，基準點以黑點呈現，而且也標註0。現在仍有公司拿來做為公司內部規格使用。

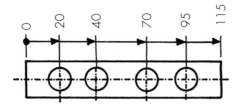

以舊制的JIS規格來説，基準位置是以黑點呈現，而且也標註0。
雖然是舊制規格，但現在還有公司仍持續使用。

圖7.12　累進尺度標註法（舊制的JIS規格）

累進尺度標註法的另一種標法，是座標式標註法。尺寸不是標註在圖形上，而是另外用表格標註，相當容易看懂（圖7.13）。尤其是基板上開了多個孔洞時，相當受用。

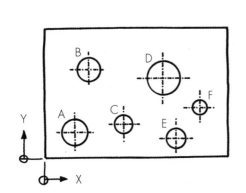

	X	Y	直徑 φ
A	20	15	18
B	28	55	15
C	50	20	12
D	75	50	20
E	85	12	15
F	100	30	10

圖7.13　座標式標註法

「決定定位孔」是決定銷釘與孔的嵌合位置，此時不是以端面為基準，而是以銷釘的孔位置為基準。為了方便讀取外型尺寸，標註時要加上參考尺寸的（）符號（圖7.14）。

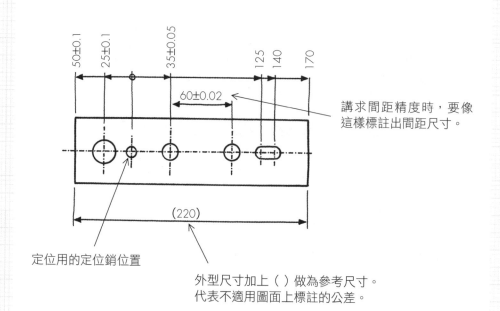

講求間距精度時，要像這樣標註出間距尺寸。

定位用的定位銷位置

外型尺寸加上（）做為參考尺寸。
代表不適用圖面上標註的公差。

圖7.14　定位銷零件的標註範例

上述內容彙整如下，尺寸依照下列順序標註：

1）決定基準面（基準點）；
2）選擇採用連續式標註法、或基線式標註法；
3）採用基線式標註法、但遇到需要標註多個尺寸時，應改用累進尺度標註法。

第 **8** 章

幾何公差

公差分成三種。第6章的尺寸公差，是以數值表示兩點間長度的公差；配合（嵌合）公差，是以符號表示孔徑與軸徑的公差；而本章所介紹的幾何公差，則是針對面等各種形狀。

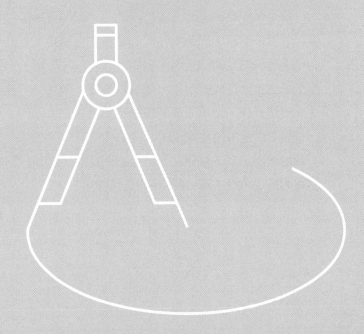

幾何公差的重要性

認識幾何公差

‧　第6章介紹過了尺寸公差與配合（嵌合）公差。接下來，這裡要介紹的是幾何公差，這個公差主要用於形狀。幾何公差不好理解，光是這個名稱就讓很多人望之卻步，連製圖者、閱圖者也都為此傷透腦筋。不過，這個公差卻很重要，只要能善加利用，就可以藉此繪製出完美的圖面。幾何公差的專有名稱很多，以下採用最簡單易懂的方式來為大家說明。

無法運用尺寸公差呈現時

　　為何製圖需要幾何公差？因為圖面上有些尺寸無法運用尺寸公差來呈現，此時就需要運用幾何公差來輔助。以軸形為例，假設想要製成筆直且無彎曲的軸，那麼，圖面上有關其彎曲度規範，應該如何做標註才理想？這時儘管直徑所設的公差值十分嚴苛，但卻與彎曲度絲毫沾不上邊。因為直徑是用游標卡尺或分厘卡來測量兩點間的距離，所以只要測量到的數值，介於直徑的公差範圍內，即被判定合格。

　　還有，想要防止立方體被誤認成平行四邊形時，光標註寬幅尺寸與高度尺寸也沒有用，因為兩點間的數值測量結果，只要介於公差範圍內便屬合格。再舉其他範例說明，例如形狀變形如飯糰的等徑變形圓。這種形狀是機械加工所造成的現象，無論測量哪一個部位，都會是相同的直徑，因此光標註直徑，並無法規範到變形的部分。

　　如上所述，這些無法用尺寸公差來呈現的尺寸，都可以透過幾何公差明確地呈現。以下是標註幾何公差的範例，圖8.1標註的是真直度、圖8.2標註的是直角度、圖8.3標註的是真圓度。

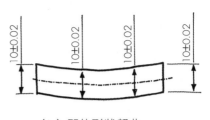

（a）標註幾何公差中的真直度

（b）即使形狀翹曲，
也會被判定合格

圖8.1　因應翹曲

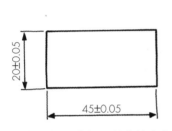
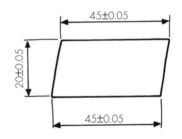

（a）標註幾何公差中的直角度

（b）即使形狀為平行四邊形，
也會被判定合格

圖8.2　因應長方形變形

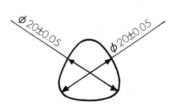

（a）標註幾何公差中的真圓度

（b）即使形狀變形如飯糰狀，
也會被判定合格

圖8.3　因應真圓變形

幾何公差的種類

　　幾何公差大致上可分成兩種。第一種是像真直度與真圓度，只標註單一形態的公差；另一種則是先訂出平行度或直角度的基準，然後再指示要與其平行或形成直角。換句話說，第二種就是標註相關形態的公差。以下透過表8.1與表8.2，簡單介紹幾何公差種類與符號的定義。

表8.1　單一形態的幾何公差

公差種類		公差符號	應有形狀	實際形狀
單一形態	形狀公差	真直度 ———		
			應該要有多直？	
		真平度		
			應該要有多平？	
		真圓度 ◯		
			應該要有多圓？	
		圓柱度		
			應該形成什麼樣的圓柱？	
		曲線輪廓度		
			應該要依照指示的線到什麼程度？	
		曲面輪廓度		
			應該要依照指示的面到什麼程度？	

表 8.2　相關形態的幾何公差

公差種類		公差符號	應有形狀	實際形狀
相關形態	方向公差	平行度 //		
			應該要有多平行？	
		直角度 ⊥		
			應該要有多垂直？	
		傾斜度 ∠		
			傾斜面應該要有多斜？	
	定位公差	位置度 ⊕		
			指定位置應該位於哪裡？	
		同軸度 ◎		
			軸與中心有無偏離？	
		對稱度		
			中心面有無偏離？	
	偏轉度公差	圓偏轉度 ↗		
			迴轉一次時，表面的一部分偏轉多少？	
		總偏轉度 ↗↗		
			迴轉一次時，表面整體偏轉多少？	

幾何公差的標註方法

（1）標註公差的方框（圖8.4）

　　幾何公差用方框表示。單一形態的公差，要在這個方框中，標註①公差種類的符號以及②公差值。

　　而相關形態的公差，除了標註①與②以外，還要標上③代表基準的大寫英文字。公差值以公釐為單位，但不必標註單位符號mm。至於用來表示基準的大寫英文字，若遇到必須標註多個基準時，只要依照英文字母的順序標上A、B、C即可。

（a）單一形態的公差　　　　（b）相關形態的公差

圖8.4　標註公差的方框

（2）標註對象（標註線或者面時）（圖8.5）

　　使用細線並在前端加上箭頭，指示欲標註的對象。

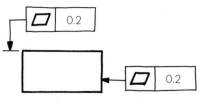

圖8.5　標註線或者面時

・以箭頭標註時，視情況應設法使箭頭與圖面成90度垂直。

・直接以箭頭指向圖面、或者指向拉出的指引線。

（3）標註對象（標註中心軸或中心平面時）

標註中心軸或中心平面時，都要把箭頭拉到標註尺度線的延長線上（圖8.6）。

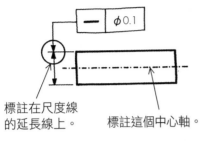

· 標註中心軸時，可以把箭頭拉到標註尺度線的延長線上。
· 要注意這是標註中心軸，並不是標註箭頭所指的外形面。

標註在尺度線的延長線上。

標註這個中心軸。

（a）標註中心軸時

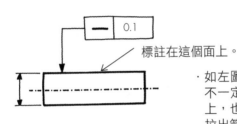

標註在這個面上。

· 如左圖所示，標註中心軸的箭頭，不一定要拉到標註尺度線的延長線上，也可以從公差標註方框，直接拉出箭頭指向線或面。

（b）與直接標註在外形面上做比較

圖8.6　標註中心軸時

不過，這種直接指向中心軸的標註方法，反而比較難懂，如圖8.7所示，這樣的標註會產生兩種不同的解讀方式，因此禁止使用。

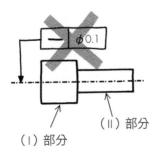

· 如圖所示，直接指向中心軸的話，會令人搞不清是標註（I）部分的中心軸，還是（II）部分的中心軸，因此，這種標註方法禁止使用。

（II）部分

（I）部分

圖8.7　錯誤的標註方法

正確的標註方法如圖8.8所示，應明確地標出（Ⅰ）部分與（Ⅱ）部分。

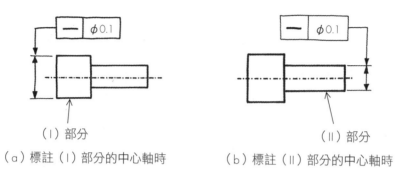

（a）標註（Ⅰ）部分的中心軸時　　　（b）標註（Ⅱ）部分的中心軸時

圖8.8　正確的標註方法

（4）基準的標註方法（圖8.9）

在正方形的方框內，填入表示基準的大寫英文字後，以塗黑的直角三角形，標註在做為基準的線與面上。其標註方法，可分成如圖8.9（a）直接標註、如同圖（b）標註在指引線上、以及如同圖（c）標註在尺度界線上。

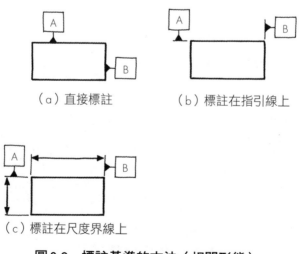

（a）直接標註　　　　（b）標註在指引線上

（c）標註在尺度界線上

圖8.9　標註基準的方法（相關形態）

還有，標註中心軸與中心平面時，要比照剛才的圖8.6，正方形的方框要一致標註在尺度線的延長線上。請參考圖8.10的範例。

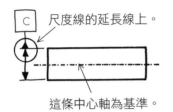

尺度線的延長線上。

當基準標註被拉到尺度線的延長線上時，即代表要以此中心軸為基準。

這條中心軸為基準。

圖8.10　以中心軸為基準時

本章介紹的幾何公差，並不是非標註不可的公差，必要時再標註即可。

依照標註的必要性，三種公差整理如下：

· 尺寸公差：一定要標註。通常採用通用公差。
· 配合（嵌合）公差：必要時才標註。
· 幾何公差：必要時才標註。

認識單一形態的幾何公差

真直度

　　首先，先介紹真直度。真直度是指標註對象應該有多直的公差。

　　（1）軸形曲面（稱為母線）真直度標註為0.1時，代表曲面弧度必須介於兩個平面之間的0.1mm間隙內。由於這個真直度只針對指示的線，所以是否跟中心軸平行無關（圖8.12）。

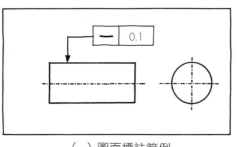

通過中心點的切面

通過中心點的任何一個切面，其公差值都必須要符合0.1。

（a）圖面標註範例

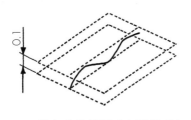

（b）公差範圍（立體呈現）

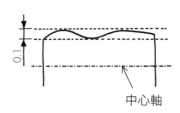

中心軸

（c）公差範圍（剖面呈現）

圖8.11　真直度（軸形）

（a）圖與（b）圖是否跟中心軸平行無關。

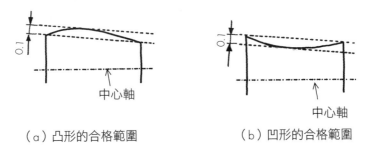

（a）凸形的合格範圍 　　　　（b）凹形的合格範圍

圖8.12　凹凸形狀的真直度

（2）接著，介紹三角形的真直度。假設頂角稜線的真直度被標註為∅0.2mm，標註有直徑符號∅時，代表稜線需介於∅0.2的圓筒範圍內（圖8.13）。

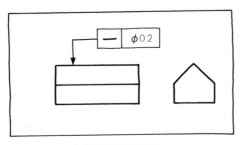

（a）圖面標註範例

（b）公差範圍（立體呈現）

· 因為標註了∅符號，所以稜線必須介於∅0.2mm的圓筒範圍內。相較於沒有標註∅符號的上下範圍，有標註∅符號時是代表全方位。

· 這個∅0.2的圓筒，是否跟底面平行無關。

圖8.13　真直度（三角形的∅標註）

真平度

　　真平度是以面為對象的公差，用來表示指示的面要多麼平整。這種真平度是單一形態的公差，與其他表面的位置關係並不相干。圖8.14是指示長方體上面的範例。真平度代表指示的面要能容納於兩個平面間規範的間隙。這種真平度公差與形狀無關，無論是同圖（b）的凸形、或者同圖（e）的凹形都一樣，只要小於公差值便算合格。

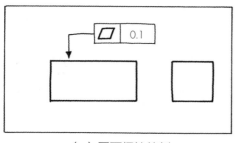

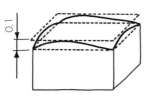

· 因為這是指示長方體的上面，所以代表上面的真平度，要能容納於兩個平面之間的0.1mm間隙。

· 是否跟底面平行無關。

（a）圖面標註範例

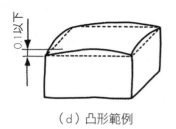

（b）公差範圍（立體呈現）

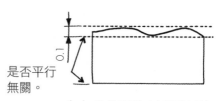

是否平行無關。

（c）公差範圍（剖面呈現）

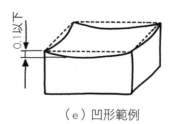

（d）凸形範例

（e）凹形範例

圖8.14　真平度

真圓度

真圓度是指應該保持多圓的公差。將指定的剖面圓形，放在大小兩個同心圓之間，其半徑的差便是公差值，公差值不可加註 Ø 符號。以圖 8.15 的範例來說，從軸的曲面上選擇任一點剖面，其最大圓半徑與最小圓半徑的差，都要小於公差值。

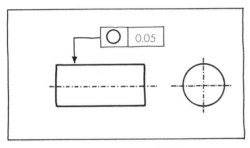

・無論哪一點的剖面，其真圓程度，都要控制在兩個圓之間的 0.05mm 間隙內。

（a）圖面標註範例

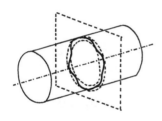

（b）公差範圍（立體呈現）

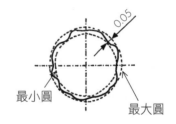

最小圓

最大圓

（c）公差範圍（剖面呈現）

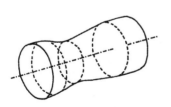

・左圖是比較極端的範例，不過，即使直徑尺寸像這樣有很大的差異時，只要最大圓半徑與最小圓半徑的差，小於公差值便屬合格。

・當需要控制直徑尺寸的差異時，可以選擇標註直徑的尺寸公差、或者標註後面介紹的圓柱度。

（d）即使直徑尺寸不同，也能標註真圓度。

圖 8.15　真圓度

圓柱度

　　圓柱度是指，把軸形表面放入假想的圓筒內時，外周應保持多圓的公差。使用時機是想要擁有真圓的立體圓柱時。因為這個公差值與真圓度一樣，都是標示半徑的差，所以同樣也不加註∅符號（圖8.16）。

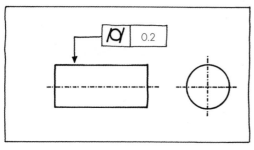

· 相較於先前用剖面判斷的真圓度，這個圓柱度則是以立體形狀判斷。

· 左例是要求壁厚0.2mm的圓筒外周整體都要符合公差值。

（a）圖面標註範例

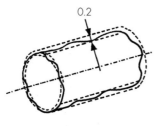

（b）公差範圍（立體呈現）

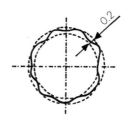

（c）公差範圍（剖面呈現）

圖8.16　圓柱度

　　圓柱度與真圓度不同的地方，是真圓度只以剖面判斷，所以並沒有規範到立體的翹曲、斜度等。對此，圓柱度規範的不只是面而已，而是整個立體。因此，以同樣公差值來說，圓柱度算是比較嚴苛的公差。

曲線輪廓度與曲面輪廓度

輪廓度是以曲線或曲面為對象的公差。

（1）曲線輪廓度（圖8.17）

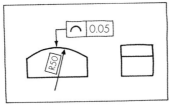
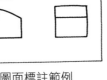

（a）圖面標註範例

・由於 R50 標註在□方框內，理論上是指正確的尺寸。

・以 R50 的圓弧為中心，每間隔 0.025mm 向內彎曲。

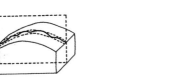

（b）公差範圍（立體呈現）

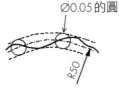

（c）公差範圍（剖面呈現）

圖 8.17　曲線輪廓度

（2）曲面輪廓度（圖8.18）

（a）圖面標註範例

・曲線輪廓度是指剖面的輪廓線位於指定領域內即可，但曲面輪廓度，則是必須整個面都位於指定領域內。

・以同樣公差值來說，曲面輪廓度算是比較嚴格的公差。

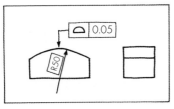

0.05

（b）公差範圍（立體呈現）

Ø0.05的圓

（c）公差範圍（剖面呈現）

圖 8.18　曲面輪廓度

認識相關形態的幾何公差

平行度

　　以下介紹相關形態的公差。這種公差的標註方式，除了具有三個欄位的公差標註框外，也要標示出基準面／線／軸（專業用語稱為Patum，中譯為基準）。以下從最常用的平行度開始介紹。平行度是指定線或面當做基準，然後標註目標面應保持多少平行程度的公差。

　　（1）標註面的平行程度的範例（圖8.19）

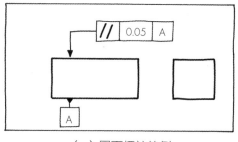

（a）圖面標註範例

・平行度代表基準A面與目標面的平行程度。目標面要能與基準A面完全平行，且容納於間隙為0.05mm的兩個平面之間。

・當同一張圖面需要標註兩處平行度時，第二處的標註應採用B符號。

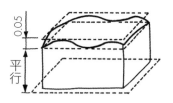

（b）公差範圍（立體呈現）

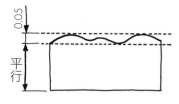

（c）公差範圍（剖面呈現）

圖8.19　面的平行度

真平度與平行度的不同，在於真平度只講求單一面的平整度，而平行度則是講求兩個面的平行程度。當公差值一樣（例如真平度與平行度都是0.1）時，平行度算是比較嚴格的公差。

（2）標註軸的平行程度的範例（圖8.20）

這個範例的重點不在於面，而是規範軸之間的平行程度。

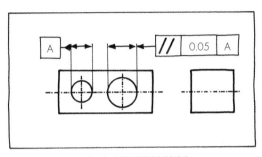

（a）圖面標註範例

· 此範例是標註兩個孔的中心軸互相平行。由於兩邊都是標註軸，所以要一致標註在尺度線的延長線上。

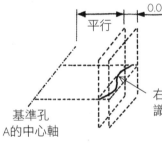

（b）公差範圍（立體呈現）

左圖是規範左右方向為0.05mm，上下方向沒有規範。

右孔的中心軸（此處為了方便辨識，特別改以實線繪製）

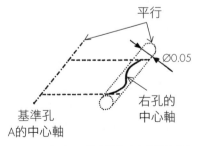

（c）公差範圍（剖面呈現）

在上圖的（a）圖裡，公差值有標註∅時（∅0.05）

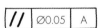

如左圖所示，意思是指右孔的中心軸要控制在直徑0.05mm的圓筒範圍內。若沒有標註∅，代表上下方向沒有公差範圍，將形成非常嚴苛的公差。

圖8.20　軸的平行度

直角度

　直角度是指定線或面當做基準，然後標註目標面應該與其保持的垂直程度。這個公差代表要容納於與基準面完全垂直的兩個平面之間。

（1）面的直角的標註範例（圖8.21）

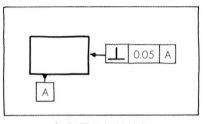

直角度代表基準A面與目標面的直角程度。
目標面能容納於與基準A面完全垂直，且間隙為0.05mm的兩個平面之間。

（a）圖面標註範例

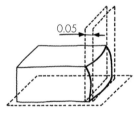

（b）公差範圍（立體呈現）

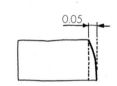

（c）公差範圍（剖面呈現）

圖8.21　面的直角度圖

（2）軸的直角的標註範例（圖8.22）

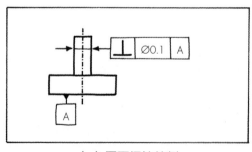

・本範例是標註中心軸的直角。由於是標註軸，所以公差的箭頭要一致指向尺度線的延長線。

・公差值加註∅直角符號，就代表中心軸要介於直徑0.1mm的圓筒範圍內。

（a）圖面標註範例

圖8.22　軸的直角度

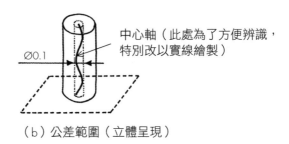

中心軸（此處為了方便辨識，特別改以實線繪製）

Ø0.1

（b）公差範圍（立體呈現）

圖8.22　軸的直角度（續上圖）

傾斜度

　　這個公差標註的並非直角，而是標註具有角度的線、軸、面。而且，角度不是以尺寸公差來表示，角度數值要標註理論上的正確角度，並標註在□方框內。這個公差代表要容納於符合這個角度的兩個平面之間（圖8.23）。

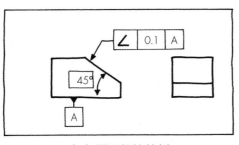

∠ | 0.1 | A

45°

A

（a）圖面標註範例

· 由於45°標註在□方框內，理論上是指正確的角度。

· 可容納於與基準A面呈45°角，且間隙為0.1mm的兩個平面之間。

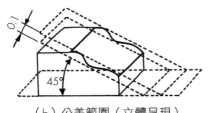

0.1

45°

（b）公差範圍（立體呈現）

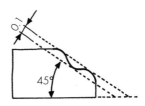

0.1

45°

（c）公差範圍（剖面呈現）

圖8.23　傾斜度

位置度

位置度是規範點的位置的公差。範例圖8.24是規範孔Ø10H7的中心位置，要介於Ø0.04的圓形內。標註在□方框內的尺寸數值，理論上是指正確的位置。

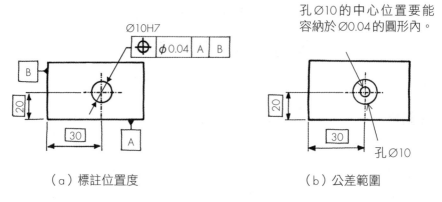

（a）標註位置度　　　　　　　　（b）公差範圍

圖8.24　位置度

以下介紹以尺寸公差標註位置，以及用位置度標註位置，兩者的相異處。用尺寸公差標註的公差範圍如圖8.25所示，是個正方形，相較於此，用位置度標註的公差範圍則是圓形。換句話說，如果公差範圍是這個以正方形的對角線為直徑所畫成圓形，那麼容許面積就會增加約1.6倍，規範變得比較寬鬆。這就是位置度的概念。

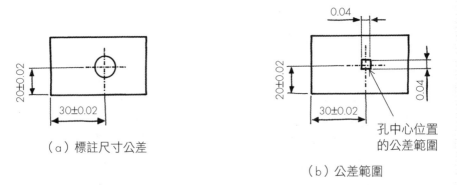

（a）標註尺寸公差

（b）公差範圍

圖8.25　與用尺寸公差標示位置時做比較

同軸度

同軸度代表中心軸可容許的偏離度。適用於有兩個軸以上時（圖8.26）。

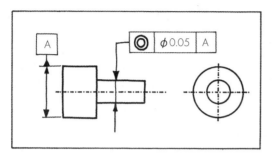

本範例是規範粗軸與細軸部分，兩個中心軸的偏離程度。

（a）圖面標註範例

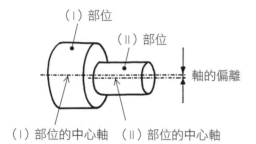

（b）概念圖

目標（II）部位的中心軸，要能容納於以（I）部位（基準A）中心軸為中心的∅0.05圓形範圍內。

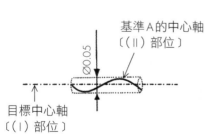

（c）公差範圍（立體呈現）

（d）公差範圍（剖面呈現）

圖8.26　同軸度

對稱度

對稱度代表基準的中心面與目標的中心面之間，可以容許多少偏差（圖8.27）。

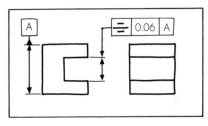

（a）圖面標註範例

這個公差是規範基準A的中心面與目標的中心面之間，可以容許多少偏差。

因為公差值是0.06mm，所以假設基準A面的上0.03mm、下0.03mm的位置各有一個平面，其目標的中心面，必須要能容納於這兩個平面的間隙內。

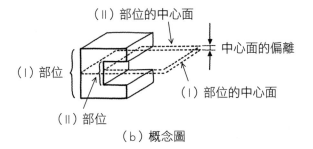

（b）概念圖

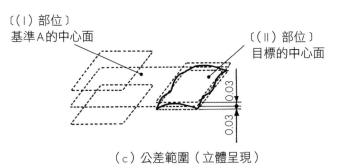

（c）公差範圍（立體呈現）

圖8.27　對稱度

圓偏轉度與總偏轉度

圖8.28的圓偏轉度，是用來標註目標表面的一部分，迴轉一周時的容許偏差。另外，範例圖8.29則是總偏轉度的公差。

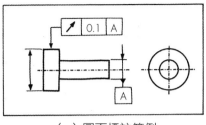

這個公差是規範目標表面迴
轉一周時，半徑方向與基準
A中心軸之間的偏差。
可透過任一點剖面來判斷。

（a）圖面標註範例

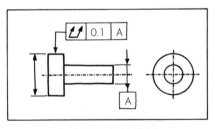

0.1

迴轉一次時的
偏差軌跡

基準A的中心軸

（b）公差範圍（立體呈現）

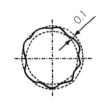

0.1

（c）公差範圍（剖面呈現）

圖8.28　半徑方向的圓偏轉度

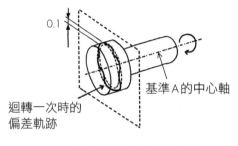

這個公差是規範目標表面迴
轉一周時，整個範圍與基準
A中心軸之間的偏差。

（a）圖面標註範例

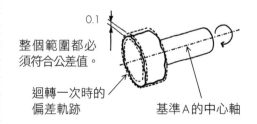

0.1

整個範圍都必
須符合公差值。

迴轉一次時的
偏差軌跡

基準A的中心軸

（b）公差範圍（立體呈現）

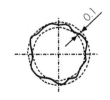

0.1

（c）公差範圍（剖面呈現）

圖8.29　總偏轉度

關於通用幾何公差

與通用尺寸公差同概念　　　JIS B 0419

現實上，前述說明的幾何公差，不會全部都以圖形標註，而是運用一般尺寸公差的概念，統一標註在圖面上。這被稱為通用幾何公差。

真直度以及真平度、直角度、對稱度、圓偏轉度的通用公差，請參照表8.3至表8.6。

表8.3　真直度以及真平度的通用公差

單位：mm

公差等級	標稱長度區分					
	10以下	大於10、30以下	大於30、100以下	大於100、300以下	大於300、1000以下	大於1000、3000以下
H	0.02	0.05	0.1	0.2	0.3	0.4
K	0.05	0.1	0.2	0.4	0.6	0.8
L	0.1	0.2	0.4	0.8	1.2	1.6

表8.4　直角度的通用公差

單位：mm

公差等級	短邊的標稱長度區分			
	100以下	大於100、300以下	大於300、1000以下	大於1000、3000以下
H	0.2	0.3	0.4	0.5
K	0.4	0.6	0.8	1
L	0.6	1	1.5	2

表 8.5　對稱度的通用公差

單位：mm

公差等級	短邊的標稱長度區分			
	100以下	大於100、300以下	大於300、1000以下	大於1000、3000以下
H	0.5			
K	0.6		0.8	1
L	0.6	1	1.5	2

表 8.6　圓偏轉度的通用公差

單位：mm

公差等級	圓偏轉度公差
H	0.1
K	0.2
L	0.5

等級與標註方法

　　共設有三個等級。可從英文字母大寫的 H、K、L 中，選出適當的等級。在圖面上標註等級時，標註在尺寸的通用公差符號後面。

JIS B 0419-（通用尺寸公差等級符號）（通用幾何公差等級符號）

例：當尺寸的通用公差等級為 m、通用幾何公差的等級為 K 時，應標註成 JIS B 0419-mK。

　　JIS 規格編號，並非是尺寸通用公差的 JIS B 0405，請注意應標註成 JIS B 0419。此編號是以注釋的方式記載在標題欄或圖面內。

充 電 站

微米的世界

　　尺寸公差與幾何公差經常採用微米（μm）數值。因為只有千分之一公釐，所以是日常生活中很難想像的微小世界。不過，人類本身是可以分辨出差異的。舉例來說，觸摸頭髮，就能大概分辨出是男性頭髮還是女性頭髮。即使頭髮的粗細因人而異，但據說男性通常是100μm、而女性則普遍為80μm。因為這樣等於有20μm的差，所以才能夠藉由觸摸來分辨。再舉例身邊其他東西，例如料理用的鋁箔紙，厚度為10μm。

　　還有，當軸安插入孔內時，即使只有0.1mm的間隙，也會搖晃得很厲害。因此，要排除搖晃的情形並讓軸能滑順動作，間隙就得控制在10μm左右才行。而這個程度的間隙用手就能輕易分辨了。

　　另外，為了進行加工，做為平面基準的平台或定模板（壓鑄）必須十分精密，1公尺四邊的真平度差異，僅能有2至3μm。由於光靠機械加工，無法達到這個精度，所以機械加工以後，必須再使用一種刀尖呈現鑿刀狀的刮削器來手工完成，這稱為「鏟花加工」。要達到這個精度，必須具備高超的技能與豐富的經驗。

　　還有，材料會隨著溫度熱漲冷縮。因為長度100mm的鐵，溫度每爬升1℃，就會延展1μm，所以進行高精度加工時，一定要嚴格地做溫度控管。

第 **9** 章

表面粗糙度（表面處理）

　　JIS 規格修訂至今，現在的表面粗糙度符號已經更新到第三種版本了。以往依照舊制規格繪製的圖面，至今仍可使用。另外，也有一些公司的內部規格（自訂規格），是參考舊制規格所訂，並依此規格來製圖。因此，本章介紹這些實務上既能活用、且又符合現行 JIS 規格的舊制 JIS 規格。

標註表面粗糙度的重要性

表面粗糙度的意義　　　　　　　　　　JIS B 0031

　　表面粗糙度是形容物件的表面狀態。物件表面具有各式各樣的形態，可分成粗糙面或光滑面等。表面粗糙度由車床或銑床之類的切削加工、熔化材料注入空孔來成型的鑄物、經由滾輪迴轉輾壓的壓延（軋延）加工方式而定。這裡所指的粗糙度，不過只是凹凸之間幾微米（千分之一公釐）的差距而已（圖9.1）。

經放大後⋯⋯

經放大處理後，便可看到表面的凹凸狀態。不過，這些凹凸之間的差極小，僅僅只有幾微米而已。

圖9.1　表面的凹凸

　　當要求的尺寸精度高、物件之間要能滑動、或者講求密合性時，每一項都與表面粗糙度息息相關。這個表面粗糙度，無法透過前面所學的尺寸標註、或幾何公差標註來呈現。以範例圖9.2來說，無論表面粗糙度如何，兩邊皆屬合格。還有，表面的凹凸程度，若用幾何公差的真平度來標註，那麼就代表整個面，都必須要容納於間隙1微米的兩個平面之間，才算合格，然而，現實上並不需要如此嚴謹。因此，「表面粗糙度」必須個別標註。真平度與表面粗糙度的差異如圖9.3所示。

（a）與（b）兩邊都合格。

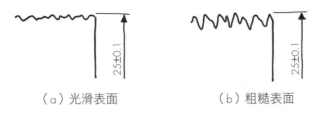

（a）光滑表面　　　　　（b）粗糙表面

圖9.2　採用尺寸標註，無法呈現表面的凹凸狀態

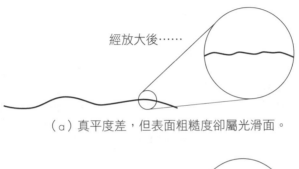

經放大後……

（a）真平度差，但表面粗糙度卻屬光滑面。

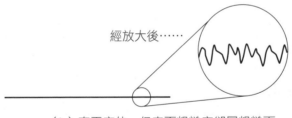

經放大後……

（b）真平度佳，但表面粗糙度卻屬粗糙面。

圖9.3　真平度與表面粗糙度的差異

表面粗糙度的標註

　　表面粗糙度是採用微米（μm）單位，標出波谷與波峰之間的差。當圖面標註「凹凸差須控制在2μm以下」時，到底是代表平均為2μm以下即可？或者代表1個地方的凹凸差不可以超過2μm？為了判別清楚，此時必須採用符合規格的標註方式。因此，如表9.1所示，JIS規格歸類出三種種類，讓設計者依照需求從中選擇。

表9.1　表面粗糙度的種類

符號	名稱	說明
Ra	中心線平均粗糙度	在基準長度中算出凹凸之間的平均值。取得平均值，可減少極端值如刮傷等影響。此為一般最常用的方法。
Rz*	最大粗糙度	在基準長度中，求出波谷最小值（最低點）與波峰最高值（最高點）之間的差。這個方法運用於不容許出現任何一處刮傷時。在三個方法當中，此為要求最嚴格的方法。
Rzjis（舊規格的Rz加上jis符號）	十點平均粗糙度	在基準長度中，找出5處波谷最小值（最低點）與5處波峰最高值（最高點），共計10處，藉此算出平均值的方法。不過，這個方法並未記載於ISO國際規格內，即使是日本的JIS規格，也只將此方法歸類為參考用。

（ * 編按：台灣現行使用 Rmax；Rz 則表示十點平均粗糙度 ）

中心線平均粗糙度

　　符號為「Ra」。因為是取得平均值，所以具有略過極端值如刮傷等影響的特徵。只要物件規格上無其他問題，這算是個極好運用的方法（圖9.4）。

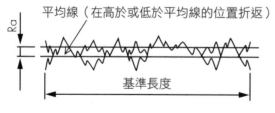

平均線（在高於或低於平均線的位置折返）

Ra

基準長度

求出平均線的上方面積，除以橫軸的基準長度後，就可以算出縱軸的 Ra 值。這稱為中心線平均粗糙度。
由於 Ra 線上方的數據可以忽略，故容許範圍會更大。

圖9.4　中心線平均粗糙度（Ra）

最大粗糙度

　　這是最容易理解的方法。基準長度之間的凹凸差，最大值便是最大粗糙度。符號為「Rz」。特徵是只要出現任何一處刮傷，便會判定不合格，這是個相當嚴格的方法（圖9.5）。

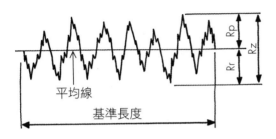

最高波峰 Rp 與最低波谷 Rv 的和，就是最大粗糙度。
適用於不容許出現任何一處刮傷時。

平均線
基準長度

圖9.5　最大粗糙度（Rz）

粗糙度的數值

　　以上三種粗糙度的數值（亦稱為參數），可從表9.2的數值中選擇。單位是微米（μm）。

表9.2　表面粗糙度的數值

種類	數值（單位：μm）
Ra	0.012、0.025、0.050、0.100、0.20、0.40、0.80、1.60 3.2、6.3、12.5、25、50、100、200、400
Rz Rzjis	0.025、0.050、0.100、0.20、0.40、0.80、1.60 3.2、6.3、12.5、25、50、100、200、400、800、1600

表面粗糙度的符號

JIS 規格的修訂

　　JIS規格修訂至今，影響最大的部分是表面粗糙度。有關表面粗糙度的JIS B 0031在1982年、1994年、2003年皆有修訂過。如圖9.6所示，除了符號截然不同以外，名稱也從原本的「表面粗糙度」變更成「表面處理」。不過，本書還是採用一般慣用的「表面粗糙度」。符號的修訂過程，一開始是如同圖（a）所示，把刀刃符號化標註成▽，然後▽的數量愈多，代表表面愈平整光滑。接著，因為技術日新月異，表面粗糙度的標準愈來愈高了，此時符號數值化，修訂成如同圖（b），設計者與加工者之間有了共識。然後，在現代的時代背景之下，隨著可以正確測量的表面粗糙度計問世，以往難以測量的凹凸量，變得再簡單不過了。現行的JIS規格修訂成同圖（c），表面粗糙度的種類與符號，皆需要標註。

（a）JIS B 0031：1982

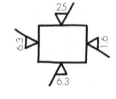

（b）JIS B 0031：1994

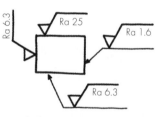

（c）JIS B 0031：2003

圖9.6　表面粗糙度符號的演變

表面粗糙程度以及表面粗糙度的符號

　　表9.3介紹依表面凹凸程度，來選用適當的符號。愈接近表格上方，代表表面愈平整光滑。表格最後一格的「素材」，則表示採用材料購入時的表面狀態，詳細內容後續說明。另外，表面粗糙程度的分類基準，如表9.4所示。

表9.3　表面粗糙度的符號（採用中心線平均粗糙度時）

程度		早期符號 JISB0031: 1982	舊符號 JISB0031: 1994	現行使用符號 JISB0031: 2003
平整光滑（成本高）↑↓凹凸粗糙（成本低）	超光面	▽▽▽▽	0.2 ✓	✓ Ra 0.2
	精切面	▽▽▽	1.6 ✓	✓ Ra 1.6
	細切面	▽▽	6.3 ✓	✓ Ra 6.3
	粗切面	▽	25 ✓	✓ Ra 25
購入時的表面狀態	素材	∿	✓	✓

表9.4 表面粗糙程度的分類基準

程度	參考等級	說明
超光面	Ra 0.2	極光滑的表面，需透過專業加工法來處理。如研磨、拋光、擦光等，加工成本高。
精切面	Ra 1.6	精密處理的表面、或H7／g6等軸的嵌合面等。
細切面	Ra 6.3	一般的加工面。如車床、銑床加工，較具經濟效益。
粗切面	Ra 25	不重要的表面。當表面允許凹凸不平時，可選用此等級。

符號的意義

現行的JIS符號中，表面粗糙度被設定成可以標上各種資訊。一般來說，還是以圖9.7（a）中的a與c標註為主。在c的加工方法當中，原本應該要標註「車床加工」、「銑床加工」等字樣，不過實務上卻不會真的標註。另一方面，有關使用研磨石的研磨加工，因為必須要傳達設計者的意思，所以一定要標上「研磨」。至於b、d、e由於使用頻率不高，故省略不說明。

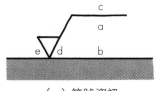

a：表面粗糙度的種類與數值
b：要求2種種類以上時的標註方法
c：加工方法
d：紋路與紋路方向
e：切削量

（a）符號資訊

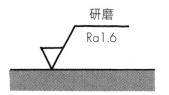

中心線平均粗糙度為1.6μm。
意指採用研磨加工。

（b）標註Ra的範例

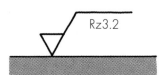

最大粗糙度為3.2μm。
加工方法由加工者決定。

（c）標註Rz的範例

圖9.7　表面粗糙度符號呈現的資訊

圖面上的標註方法

（1）標註輪廓線、指引線、尺度界線時

如圖9.8所示，符號要標註在圖面下方、或者標註成便於從右邊讀取的方向。圖的下方與右方使用指引線來標註。需要同時標註兩個地方時，可採用雙箭頭來標註。

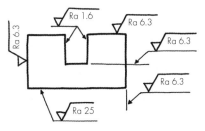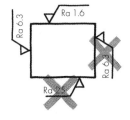

（a）標註輪廓線、指引線的範例　　　　（b）錯誤範例

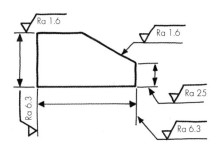

（c）標註尺度界線的範例

圖9.8　表面粗糙度的標註方法

（2）軸形的標註範例

　　當標註軸形形狀時，只要標註圖形的單邊即可，不需要兩邊都標註（圖9.9）。

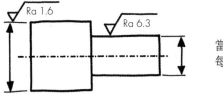

當形狀為軸形時，
每個面只標註1側。

圖9.9　軸形的標註範例

實務上運用的簡略法

物件所有的面，都必須標註出表面粗糙度，與必須標註所有公差的概念一樣。可是，一旦所有的面都被標註出來，圖面就會變得複雜難讀，因此可採用簡略法。最常用的表面粗糙度符號，可以當做基本符號，先在圖面上統一宣告。只有遇到不符合這個基本符號的面，才需要另外個別標註。一般來說，基本符號都是標註在圖面的最上方，然後基本符號旁邊再以括號（），個別填入表面粗糙度的符號，這樣，一眼就能理解需要的是哪一種表面粗糙度了（圖9.10）。

基本符號可以依照每個圖面做變更，並無特別限制。

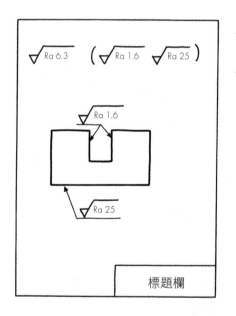

圖面上方的標註是指：
1）沒有標註的面，請以 Ra6.3來加工。
2）請注意 Ra1.6 與 Ra25 為個別標註。

採用這種簡略法，就能讓剛才的圖9.8（a）變成簡潔易讀的圖面了。

圖 9.10　簡略法的範例

選用表面粗糙度的參考範例

（1）如何選擇種類？

建議採用這三種種類當中的「中心線平均粗糙度」來做檢討。選用這種方法不但實用，又可以兼顧加工難易度。相較於此，當不允許任何一處有粗糙現象時，可改用「最大粗糙度」來檢討。

（2）如何選擇數值？

平整光滑的面不見得一定就比較適用。例如測量電力時，會將測定端子的前端設計得比較粗糙，或者需要防止滑動時，也會透過粗糙面來增加阻抗。諸如以上理由，由於現在可以依照物件機能，從表9.2當中選出適用的數值，所以在此特別介紹這個方便又好用的資訊，提供給讀者參考。

表面粗糙度的概念，與尺寸公差有關。當尺寸公差標註取到小數點第一位時，表面粗糙度是Ra25；若標註取到小數點第二位，是Ra6.3；標註取到小數點第三位，則是Ra1.6。即使這些數值看起來毫無規則可言，但此表仍可當做一項參考來源。

雖然數值會隨著業種而變，不過，大部分來說，物件的尺寸公差，應該都不會超過小數點第一位（±0.2mm等）。因此，基本的表面粗糙度是設定成Ra25。然後，對於取到小數點第二位（如±0.02mm）的面，是標註Ra6.3；而取到小數點第三位（如±0.005mm）的面，則是標註Ra1.6。

還有，假設標註取到小數點第一位、但仍需要具有平整光滑的面時，可以選用細切面的Ra6.3。

最粗糙面的標準表面粗糙度是Ra25。因為用車床或銑床之類的加工機，進行粗加工後所形成的表面，符合這個Ra25等級。即使表面粗糙度處理得比這個等級還要粗糙，成本也不會因此而降低。

加工方法與表面粗糙度的關係

　　每一種加工方法可加工出哪種等級的表面粗糙度，其標準彙整如表 9.5。

表 9.5　加工方法與表面粗糙度的關係

程度	粗切面		細切面		精切面			超光面			
表面處理符號	▽		▽▽		▽▽▽			▽▽▽▽			
Ra	25	12.5	6.3	3.2	1.6	0.8	0.4	0.2	0.1	0.05	0.025
銑床加工	一般	一般	一般	一般	精密	精密					
鑽孔加工		一般	一般								
絞刀加工				一般	一般	精密	精密				
研磨加工					一般	一般	一般	一般	精密		
拋光加工								一般	一般	精密	精密

備註：　一般　一般的表面粗糙度

　　　　精密　加工時必須特別注意的表面粗糙度

成本上的關聯

　　物件的面要加工得愈平整光滑，其加工成本也會愈高。一般都是進行粗加工，然後進到下一個階段的表面處理時，才會決定表面粗糙度。平整成光滑的面，需要花費更多的加工時間。還有，採用高速迴轉的磨石，進行讓表面平整光滑的研磨加工或拋光加工時，為了減少銑床磨床等粗加工所產生的切削量，可採用表面處理專用的研磨磨床或拋光磨床來加工。因為需要使用兩種加工機，所以除了加工工程會增加之外，成本也會跟著提高。因此，最好標註符合規格，且又是最小限的表面粗糙度，可同時兼顧機能與成本。

活用素材的設計

　　最後說明表9.3最下方的素材。意思是指購入的材料不用經過加工，直接採用原表面，這一點對於降低成本有很大的成效。舉例來說，假設現在要進行立方體的加工。由於立方體總共有六個面，所以全部都要加工的話，等於要進行六面加工。

　　設計時可將厚度與寬度，設計成符合市售材料的尺寸，就剩下長度方向兩端的兩個面需要加工而已。這樣一來，六個面當中就只要加工這兩個面就好，加工時間也因此得以降低到原來的三分之一。加工少不但能降低成本，還能帶來縮短加工時間、減少切削粉塵等各種效果。

　　另外，有一點相當重要，設計者必須隨時把材料尺寸資訊放在手邊。這麼做的理由是，或許時間一久，就可以將尺寸都烙印在腦海裡。由於材料尺寸是採用市售品的尺寸，所以建議可以向有往來的材料廠商索取資料，然後再編輯成自己適用的資料。此時，除了尺寸資訊以外，也請備齊表面粗糙度的資訊。舉例來說，稱為「拋光材料」的材料表面，平整光滑地有如「精切面」一般。至於稱為「黑皮」的材料表面，則因為覆蓋了一層氧化的厚膜（即鏽蝕），所以素材表面不經過加工就無法使用。

　　活用這些設計資訊，就可以確保品質，並以低成本來進行加工。活用素材時的標註方法，請參考次頁的圖9.11。

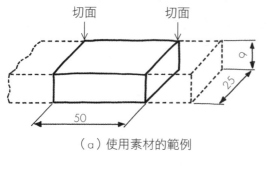

切面　　　　切面

採用寬25mm厚9mm的扁鋼拋光材料時，只要切斷兩端，製成長50mm的形狀，便可大功告成。

9

25

50

（a）使用素材的範例

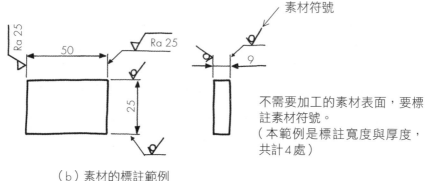

素材符號

Ra 25

50

Ra 25

9

25

不需要加工的素材表面，要標註素材符號。
（本範例是標註寬度與厚度，共計4處）

（b）素材的標註範例

圖9.11　素材符號

　　說個題外話，1982年的JIS規格符號▽，至今仍常有人口頭使用，大部分是因為便於互相交流表面的狀態資訊。這個▽的念法很多，一個▽會說成「一個倒三角」或「倒三角一個」、「表面處理1層」、「表面處理1階」等；兩個▽▽的話會讀成「兩個倒三角」或「倒三角兩個」、「表面處理2層」、「表面處理2階」等。

第**10**章

材料的標註方法

使用哪種材料，需要記載在標題欄。由於正式名稱太長，故採用符號標註。代號是英文單字首字母大寫，S是鋼鐵材料、A是鋁材料、C是銅材料。由於種類多如繁星，所以訣竅是先理解自家公司使用的材料標註，從這裡著手學習起。

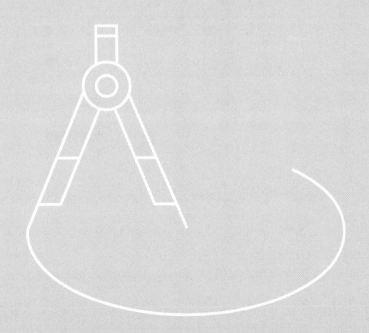

材料的標註採用符號

材料的大分類

　　製造物件時要選用哪一種材料，這判斷相當重要。以下彙整說明材料種類，大致上可分類成「金屬材料」、「非金屬材料」與「特殊材料」。金屬材料還可以細分成鋼鐵材料與非鐵材料兩種（圖10.1）。

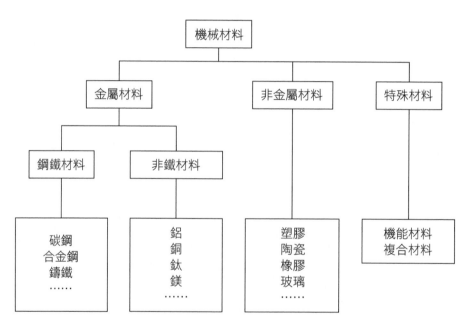

圖10.1　材料分類

進一步地細分種類

　　我們日常生活中常使用的「鐵」，是指鋼鐵材料，依照內含的成分可細分成碳鋼、合金鋼、鑄鐵等種類。碳鋼還可以再細分成，一般結構用的壓延（軋延）鋼材（SS材）、機械結構用的碳鋼鋼材（SC材），以及碳工具鋼鋼材（SK材）等。除了碳鋼以外，其他像合金鋼、非鐵材料的鋁與銅也一樣，可以再細分出更多種類，細分之後就能更精確地指定。

　　如上所述，因為材料種類可以分得這麼細，所以在圖面上標註使用材料時，不能只標註像「鐵」這種字義太過廣泛的字眼，而是要具體指出「一般結構用的壓延（軋延）鋼材」。不過，因為具體名稱既複雜又冗長，所以可以用符號來簡潔標註。一般結構用的壓延（軋延）鋼材，標註符號是英文字母大寫的SS與三位數的數字，如SS330、SS400、SS490等。這些符號不只用於圖面上的標註，口頭上傳遞訊息時，也經常採用這些名稱。

　　以下介紹各種材料的符號。其中，又以鋼鐵材料符號的標註方式最多且複雜，不過，使用時並不會一一解讀每個符號的意思。例如標註SS400時，通常不會意識到第一個S、第二個S所代表的意義。因為普遍對這個名稱的認知就是SS400，所以下一頁起的說明並不需要特別背誦，只要充分理解內容即可。

鋼鐵材料的材料符號

鋼鐵材料的材料符號，主要是由三個要素組成：①材質的簡稱、②規格名稱與產品名稱、③種類。

以下介紹鋼鐵材料中常用的一般結構用的壓延（軋延）鋼材（SS材），與機械結構用的碳鋼鋼材（SC材）。

一般結構用的壓延（軋延）鋼材稱為SS材，SS的後面有三位數的數字：①是鋼鐵Steel的首字母大寫S；②表示規格名稱與產品名稱，取構造Structure的首字母大寫S；③代表拉伸強度。例如SS400的拉伸強度為400N/mm2（最低拉伸強度值）。SS400的念法是S‧S‧400。

還有，因為舊制JIS規格的拉伸強度單位是kgf/mm2，所以後面是標註兩位數的數字，例如SS400在舊制JIS規格中是標註成SS41。

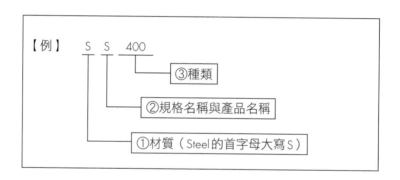

下一個要介紹的是機械結構用的碳鋼鋼材，稱為SC材：①是鋼鐵Steel的首字母大寫S；②表示碳含量，例如含有0.45%的碳時，是乘以100倍標註成45；③的C是碳Carbon的首字母大寫C。

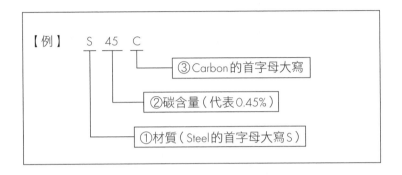

主要的鋼鐵材料符號如表10.1所示。

表10.1　主要的鋼鐵材料符號

材料符號	標註範例	概要
SS□□□	SS400	一般結構用的壓延（軋延）鋼材
S□□C	S45C	機械結構用的碳鋼鋼材
SUS□□□	SUS304	不鏽鋼鋼材
SM□□□	SM490	焊接結構用壓延（軋延）鋼材
SK□	SK4	碳工具鋼鋼材
SKS□	SKS3	合金工具鋼鋼材
SUJ□	SUJ2	高碳鉻軸承鋼鋼材
SPC□	SPCC	冷軋鋼板
SPH□	SPHC	熱軋鋼板
SCM□□□	SCM435	鉻鉬鋼鋼材
SWP-□	SWP-A	鋼琴線
FC□□□	FC200	一般鑄鐵

鋁的材料符號

鋁材料符號的規格很簡潔：①代表材質，是鋁Aluminium的首字母大寫A；②是以四位數的數字來標註合金種類，共分成1000系至7000系；③代表材料形狀與調質符號。

關於主要的鋁材料符號如表10.2所示。

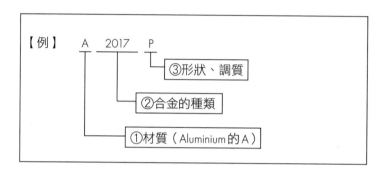

表10.2　主要的鋁材料符號

材料記	表示例	合金的分類
A1□□□	A1100	純Al
A2□□□	A2017	Al-Cu-Mg系合金（硬鋁；杜拉鋁）
A3□□□	A3004	Al-Mn系合金
A4□□□	A4032	Al-Si系合金
A5□□□	A5052	Al-Mg系合金
A6□□□	A6063	Al-Mg-Si系合金
A7□□□	A7075	Al-Zn-Mg系合金 （最高強度鋁合金；超杜拉鋁）

③的材料形狀如表10.3所示。由於板條與圓板等形狀，只要看圖面便能理解，故欄位空白也無所謂，有需要特別標註時再行填入。還有，可透過調質或熱處理等來調整材料特性。調質的標註符號如表10.4所示。若不須調質處理，則該欄位可空白不填。

表10.3 產品形狀的符號

形狀符號	意義	形狀符號	意義
P	板條、圓板	TE	壓出成型無縫管
PC	壓合板	TD	拉伸成型無縫管
BE	壓出成型棒	FD	打模鍛造品
BD	拉伸成型棒	FH	自由鍛造品
W	拉伸成型線		

表10.4 調質符號

調質符號	內容
O	經退火、軟化（軟質）。
H	透過加工硬化與退火，處理成適當強度。
T	經熱處理而增加強度。

銅的材料符號

　　銅材料符號的規則與鋁差不多。如以下幾點：①代表材質，取銅 Copper的首字母大寫C；②以四位數的數字表示合金種類，共分成1000至7000系；③標註材料形狀與調質符號。主要的銅材料符號如表10.5所示。

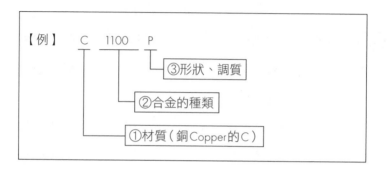

表10.5　主要的銅材料符號

材料記	表示例	合金的分類
C1□□□	C1100	精銅（韌煉銅）
C2□□□	C2801	黃銅
C3□□□	C3604	快削黃銅
C4□□□	C4641	海軍黃銅
C5□□□	C5191	磷青銅
C6□□□	C6161	鋁青銅
C7□□□	C7541	白銅

③的材料形狀，比照說明鋁材料符號的表10.3，而調質符號則如表10.6所示。

表10.6　標註調質的符號

調質符號	內容
O	經退火、軟化（軟質）。
H	經加工硬化。如1/4H、1/2H、3/4H、H，數字愈大則代表加工程度愈高。

補充產品形狀的標註符號

市面上銷售的材料種類相當繁多（圖10.2），設計者為了盡量減少自家公司的加工工程，需慎選市售品。由於JIS規格的材料符號並未網羅所有形狀，例如採用槽鋼時，材料符號的③是空白，取而代之的是，在圖面上標註「採用○○mm×○○mm的槽鋼」等文字。

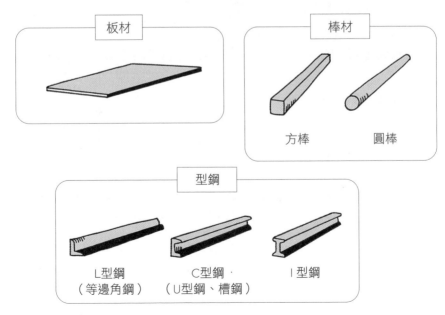

板材

棒材

方棒　　圓棒

型鋼

L型鋼
（等邊角鋼）

C型鋼
（U型鋼、槽鋼）

I型鋼

圖10.2　各式各樣的產品形狀

表面處理

　　表面處理不只能防鏽，當講求耐磨耗性或光滑性、離型性之類的機能時，也有適當的種類可選擇。表10.7彙整了電鍍的標註符號。表面處理可標註這些符號，或者直接標註名稱。名稱的標註方法，則以鉻酸鹽處理、光澤鉻酸鹽處理、無電解鎳電鍍之類來表示。需要指定膜厚時，可記載成例如「無電解鎳電鍍 膜厚10μm」。

表10.7　電鍍的標註符號（JIS H 0404-1998）

$$\text{例）}\underbrace{\frac{Ep}{①}-\underbrace{\frac{Fe}{②}}}/\underbrace{\frac{Ni}{③}\frac{10}{④}\frac{b}{⑤}}/\underbrace{\frac{CM1}{⑥}:\underbrace{\frac{D}{⑦}}}$$

①	標註電鍍的符號	電鍍EP、無電鍍ELp
②	標註素材種類的符號	鋼鐵Fe、銅‧銅合金Cu、鋅合金Zn、鋁合金Al、鎂合金Mg、塑膠PL、陶瓷CE
③	標註電鍍種類的符號	鋼鐵Fe、銅‧銅合金Cu、鋅合金Zn、鋁合金Al、鎂合金Mg、塑膠PL、陶瓷CE
④	標註電鍍厚度的符號	表示最小厚度的數字是以μm為單位
⑤	標註電鍍型態的符號	光澤b、半光澤s、消光m、二層鍍鎳層d、三層鍍鎳層t
⑥	標註後處理的符號	光澤鉻酸鹽處理CM1、有色鉻酸鹽處理CM2
⑦	標註使用（操作）環境的符號	腐蝕性強的室外A、一般室外B、濕度高的室內C、一般的室內D

塑膠的簡稱

　　塑膠具有與金屬雷同的特性，活用這些特性，可適用於各種場合。塑膠最大的特徵是（1）質輕、（2）可著色或製成透明、（3）不易傳導熱或電、（4）容易成形。

　　由於這些塑膠材料，幾乎都是以英文名稱的首字母大寫來簡稱，所以如表10.8所示，並非使用符號，而是以縮寫來做為簡稱。圖面上可標註簡稱或者名稱。當使用特定廠商的專賣品時，圖面上除了載明材料名稱以外，也要記載廠商名稱。

表 10.8　主要的塑膠材料符號

簡稱	中文名稱	簡稱	中文名稱
ABS	ABS樹脂	PI	聚醯亞胺
EP	環氧樹脂	PMMA	丙烯酸樹脂（壓克力樹脂）
PA	聚醯胺（尼龍）	POM	聚縮醛
PC	聚碳酸酯	PP	聚丙烯
PE	聚乙烯	PS	聚苯乙烯
PEEK	聚醚醚酮	PTFE	氟樹脂（鐵氟龍®）
PET	聚乙烯對苯二甲酸酯（聚對酞酸乙二酯）	PVC	聚氯乙烯

材料符號要記載在標題欄

　　以下在標題欄中記載材料符號與表面處理（圖10.3），熱處理等需要講求硬度時，應同時標出硬度。舉例來說，標題欄的備註欄位或者圖面上，應記載「淬火和回火應HRC50以上」。

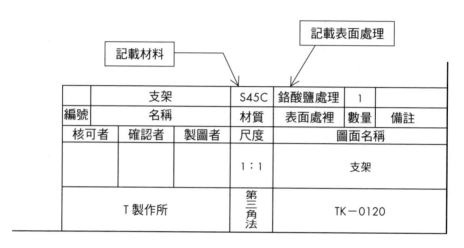

圖 10.3　材料符號的記載

焊接的標註方法

第 **11** 章

物件的接合方式很多，有螺絲、嵌合（壓入）、接著劑、鉚釘，以及本章的焊接。每一種接合方式皆具有特徵，可視情況選用。焊接的特徵是，可降低成本並具有焊接強度。

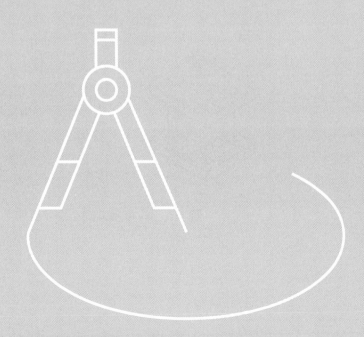

焊接的種類

目的是降低成本並維持接合強度
JIS Z 3021

　　焊接是接合金屬的方法之一。當製造壓力容器或支架等大型構造物時；或者比起用一整塊材料切削，更想要簡易成形且降低成本時；或者比起用螺絲或接著劑來固定，想讓接合強度更加確實時，都可選用焊接的方式。圖11.1的底座零件，是以降低成本為目的的範例。雖然進行焊接時，會因受熱而變形，但只要焊接後再做最後加工即可。

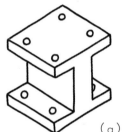

當使用一整塊材料進行加工時，要製成ㄈ字型，就必須切削掉兩側的材料，這樣不但相當浪費材料，就連加工成本也很高。

（a）一體成形

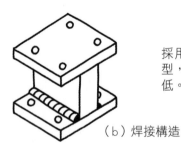

採用焊接構造，便可只用三塊板材來成型，不僅不會浪費材料，加工成本也比較低。

（b）焊接構造

圖11.1　焊接構造的範例（底座）

依熱源分類

以下分別從「依熱源分類」（圖11.2）與「依接合分類」（圖11.3）的觀點來認識焊接。依熱源分類，可分成可燃氣焊接（氣焊）與電焊兩種。可燃氣焊接（氣焊），是直接以火炎加熱來做焊接的方法；而電焊，則是利用電力發熱的方法來焊接。有關電焊，則可分成透過放電產生熱來焊接的電弧焊接，以及透過金屬電阻以焦耳熱來焊接的電阻焊接。一般來說，提到焊接，大多是指電弧焊接，電弧焊接是熔化電焊條，使母材與目標物接合在一起。電弧焊接可分成兩種，一種是分別用通電的電極與電焊條來焊接接合的TIG焊接；以及電焊條兼具焊接棒機能，靠自體熔化來接合的MIG焊接。

另外，因為電阻焊接必須一邊施力、一邊以電阻熱熔化母材並予接合，故特徵是不使用電焊條。主要用於焊接薄板，最具代表性的範例是汽車車體的點焊。相較於點焊產生的焊點，鉚焊則是迴轉滾輪電極進行連續性的焊接。

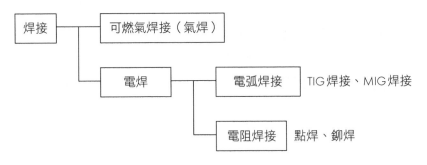

圖11.2　依熱源分類

依接合分類

接著介紹材料如何接合，其接合種類如圖11.3所示：

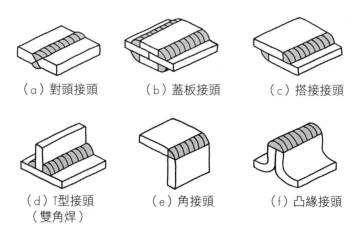

（a）對頭接頭　　　　（b）蓋板接頭　　　　（c）搭接接頭

（d）T型接頭　　　　（e）角接頭　　　　（f）凸緣接頭
　　（雙角焊）

圖 11.3　依接合分類

焊接符號的基本構成

焊接符號是由細線的「箭頭」、「基線」與「基本符號」所構成。基本符號可依照接下來即將說明的材料先端（溝槽、坡口）的形狀來區分，當標註箭頭的那一側具有焊接部位時，應標註在基線的下面；若焊接部位與箭頭不同側時，則標註在基線的上面（圖11.4）。

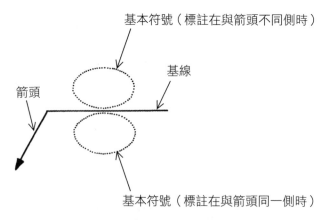

基本符號（標註在與箭頭不同側時）

基線

箭頭

基本符號（標註在與箭頭同一側時）

圖 11.4　焊接符號的基本構成

溝槽（坡口）形狀的種類

　　以下說明溝槽（坡口）的基本符號。焊接部位的端面加工成適當形狀後，溝槽（坡口）部位注入熔化的金屬，以進行接合。材料的前端稱為溝槽（坡口），具有各式各樣的形狀，如圖11.5。由於這個溝槽（坡口）形狀和尺寸，都與接合強度息息相關，所以應由設計者按照要求的規格來選定形狀。

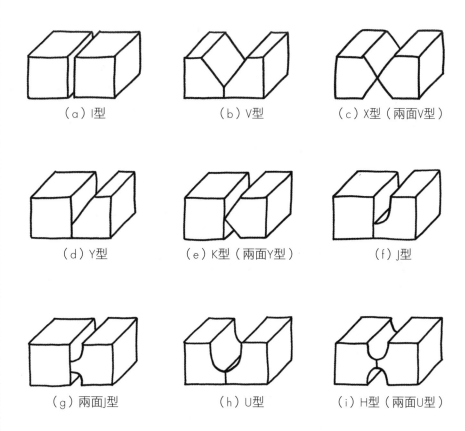

（a）I型　　　　　　（b）V型　　　　　（c）X型（兩面V型）

（d）Y型　　　　（e）K型（兩面Y型）　　　　（f）J型

（g）兩面J型　　　　　（h）U型　　　　（i）H型（兩面U型）

圖11.5　溝槽（坡口）形狀的種類

焊接符號

基本符號與標註範例

表11.1是溝槽（坡口）形狀與標註的符號。點焊與鉚焊的符號，於2010年JIS修訂時變更。

表11.1　基本符號與標註範例

溝槽（坡口）形狀	基本符號	實際形狀	焊接符號的標註
I型			
V型			
X型			
Y型			
K型			
J型			
兩面J型			

表 11.1　基本符號與標註範例（續）

溝槽（坡口）形狀	基本符號	實際形狀	焊接符號的標註
U型			
H型（兩面U型）			
喇叭型 V型			
喇叭型 X型			
喇叭型 Y型			
喇叭型 K型			
填角焊			
點焊		點焊	（舊JIS）
鉚焊		連續焊接	（舊JIS）

單角焊的符號

如以上所述，焊接的種類很多，不過，由於實務上以「填角焊」與「點焊」較為常用，故在此詳細介紹。角焊是在接合部位局部加熱，並焊上其他金屬來做接合的方式（圖11.6）。

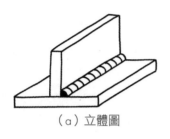

（a）立體圖

· 填角焊如左圖所示，必須加上其他金屬來做接合。

· JIS規格的標註方式如（b）圖所示，可是，實務上是採用（c）圖的方式做標註，將焊接部位塗成黑色三角形。目的是要輔助閱圖者容易理解。

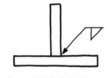 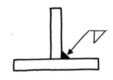

（b）JIS規格的標註方式　　（c）易懂的標註方式

圖11.6　填角焊的焊接符號（單角焊）

通常焊接尺寸都是由加工者決定。不過，當需要指示焊接尺寸時，尺寸應標註在基本符號的左邊（圖11.7）。

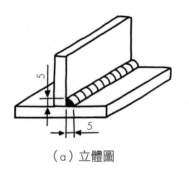 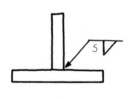

（a）立體圖　　　　　　　　　（b）JIS規格的標註方式

圖11.7　單角焊標註尺寸的範例

雙角焊的符號

焊接材料兩側時，其標註方式如圖11.8所示：

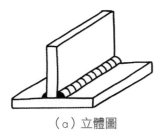

（a）立體圖

· 進行雙角焊時，基本符號要標註在基線的上方與下方。
基線下方代表與箭頭同一側的焊接，基線上方則代表與箭頭不同側的焊接。

· 此時也要如圖（c）所示，把焊接部位塗成黑色三角形，讓兩側的焊接部位更一目了然。

 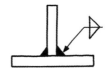

（b）JIS規格的標註方式　　　（c）易懂的標註方式

圖11.8　填角焊的焊接符號（雙角焊）

當雙角焊也需要標註焊接部位的尺寸資訊時，與單角焊一樣都是標註在基本符號的左邊。基線下方的標註，代表與箭頭同一側的焊接資訊，而基線上方的標註，則代表與箭頭不同側的焊接資訊（圖11.9）。

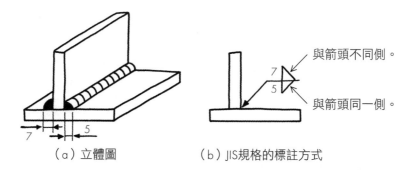

與箭頭不同側。

與箭頭同一側。

（a）立體圖　　　　　（b）JIS規格的標註方式

圖11.9　雙角焊標註尺寸的範例

全周焊接的符號

全周焊接時，標註如圖11.10所示，箭頭與基線的彎曲部位，應加註○。

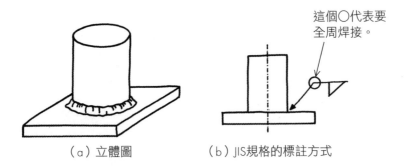

這個○代表要全周焊接。

（a）立體圖　　　　（b）JIS規格的標註方式

圖 11.10　全周焊接的標註範例

點焊的符號

點焊是透過電阻產生熱熔化母材，以達到接合之目的，不需要使用其他金屬。當有多個部位需要點焊時，應以（）標註點焊數量（圖11.11）。

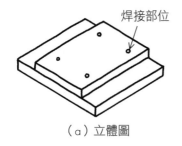

焊接部位

雖然點焊不必靠其他金屬來接合，接合面會比角焊還要簡潔，不過，因為採用電極加壓的關係，表面會留下凹痕。

（a）立體圖

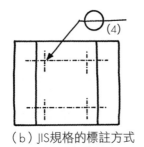

（b）JIS規格的標註方式

· （4）代表焊接部位的數量。
　只焊接一處時不需標註。

· 舊制JIS規格是採用下面所示的符號。

圖 11.11　點焊的標註範例

第 **12** 章

標註主要的機械部位

本章介紹螺絲、彈簧、齒輪的繪製方法。其中，由於彈簧與齒輪大多都是購買市售品，就現況而言，愈來愈沒有繪製零件圖的需求了，不過組裝圖上的記載仍不可省略。繪製時若依照實物形狀繪製，將會相當複雜，因此才要學簡易的繪製方法。

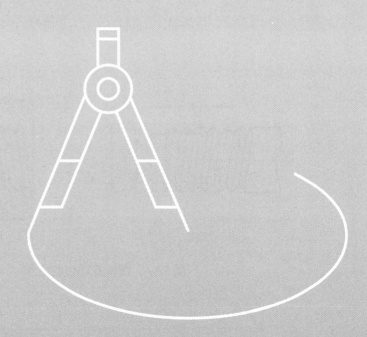

標註螺絲

標註機械零件

本章介紹螺絲、彈簧、齒輪等主要機械零件的標註方法。以JIS規格統一標註方法，理由是因為這些零件形狀，若要依照實物繪製，會變得很複雜，且會耗費許多製圖時間。因此，希望藉由JIS規格來簡易繪製。由於現在這些零件，很容易買到平價的市售品，所以愈來愈不需要自己花時間設計或繪製零件圖了。但即便如此，組裝圖上的記載仍不可省略。另外，因為螺絲不只是市售的螺栓、螺帽，就連加工品也很講求螺絲機能，因此零件圖上常繪有螺絲。

螺絲種類   JIS B 0002

螺絲是製造成螺旋溝槽的物件。圓筒表面製成螺旋溝槽的稱為公螺絲（螺栓），圓孔內面製成螺旋溝槽的稱為母螺絲（螺帽）。公螺絲（螺栓）與母螺絲（螺帽）互相搭配使用。如圖12.1所示，公螺絲（螺栓）的外徑與母螺絲（螺帽）的內徑、以及公螺絲（螺栓）的內徑與母螺絲（螺帽）的外徑要一致。在JIS規格中，這些尺寸全部都有規定。

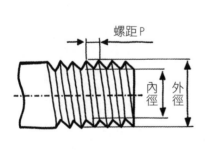
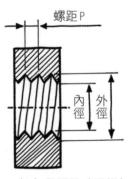

（a）公螺絲（螺栓）　　　　（b）母螺絲（螺帽）

圖 12.1　螺絲各部位的名稱

螺絲除了用來固定物件以外，也可以透過轉動螺絲來調整位置、或用於滾珠螺桿等，藉由迴轉運動來傳遞動力。

　　螺絲的種類很多，依照JIS規格彙整如表12.1。本章針對這當中最常用的一般公制螺紋，來介紹粗牙螺紋、細牙螺紋。粗牙螺紋與細牙螺紋的差異，在於螺距尺寸。螺距尺寸是指公螺絲（螺栓）螺峰（牙頂）與螺峰（牙頂）間的間隔、或者指母螺絲（螺帽）螺谷（牙底）與螺谷（牙底）間的間隔，換句話說，就是轉動螺絲一圈所前進的距離。一般來說，最常使用的是粗牙螺紋，不過，需要強度時、或者要在較薄的材料上加工時、或者需要靠微量的移動量來做微調整時，則是採用細牙螺紋。

表 12.1　螺紋種類

區分	螺紋種類		螺紋符號	標註範例
以mm標註螺距的螺絲	一般公制螺紋	粗牙螺紋	M	M 8
		細牙螺紋		M 8×1
	統一微型螺紋		S	S0.5
	公制梯形螺紋		Tr	Tr10×2
以螺紋數標註螺距的螺絲	管用錐形螺紋	錐形公螺紋	R	R1／8
		錐形母螺紋	Rc	Rc3／8
		平行母螺紋	Rp	Rp3／4
	管用平行螺紋		G	G1／2
	統一標準螺紋	粗牙螺紋	UNC	3／8-16UNC
		細牙螺紋	UNF	No.8-36UNF

公螺絲（螺栓）的圖示方法

　　公螺絲（螺栓）靠近螺絲頭的部位，其螺旋狀溝槽會愈來愈淺。這個徒有溝槽形狀，但不具螺紋機能的部位，稱為不完全螺紋部。為了明確區分出具有螺紋機能的部位，要以實線畫出界線。螺紋的外徑是粗實線，內徑以細線繪製。螺紋直徑方向與長度方向的關係，如圖 12.2 所示。

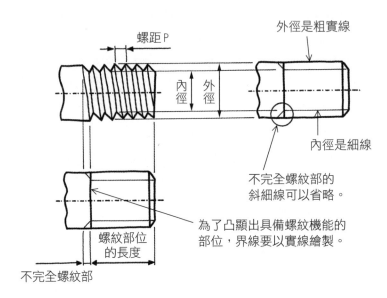

螺距 P

外徑是粗實線

內徑　外徑

內徑是細線

不完全螺紋部的
斜細線可以省略。

為了凸顯出具備螺紋機能的
部位，界線要以實線繪製。

螺紋部位
的長度

不完全螺紋部

圖 12.2　公螺絲（螺栓）的圖示法

　　次頁的圖 12.3 是從螺絲端面方向繪製的圖，內徑以細線畫成四分之三圓。也就是說，看起來是缺少了四分之一圓的狀態。由於舊制 JIS 規格是繪製全圓，因此，現在仍保有繪製全圓的習慣。

全圓。

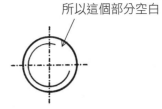
由於是四分之三圓，所以這個部分空白

（a）舊制JIS規格的標註方法　　　　（b）現行JIS規格的標註方法

圖12.3　標註內徑的方法

公螺絲（螺栓）以「外徑尺寸」做為名稱，其標註方法為

（1）為粗牙螺紋時

在「螺紋種類的符號」後面標註「螺紋外徑」。
「螺紋種類的符號」，可從前面的表12.1「螺紋符號」欄位中選擇。
例）M6。

（2）為細牙螺紋時

以「螺紋種類的符號」「螺紋外徑」×「螺距」表示。與粗牙螺紋不同的是，最後要標上螺距。
例）M6 × 0.75。

因為本範例的細牙螺紋螺距是0.75，所以代表旋轉螺絲一圈前進0.75mm的意思。粗牙螺紋的螺距是1mm，由此可知，迴轉一圈的移動距離很少。

還有，口頭上稱呼螺絲時，也與上述的「螺紋名稱」一樣，此稱呼也可用來表示「螺絲的大小」。

標註尺寸時，要標註螺紋名稱（如M4）以及螺紋部分的長度。當採用螺絲攻來攻牙時，整段長度都會產生螺紋，因此只要標註螺紋名稱即可。還有，不需要標註不完全螺紋部的長度。舊制JIS規格的標註方法與現行的JIS規格不同。

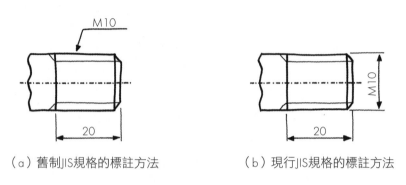

（a）舊制JIS規格的標註方法　　　　　（b）現行JIS規格的標註方法

圖12.4　公螺絲（螺栓）標註尺寸的方法

母螺絲（螺帽）的圖示方法

母螺絲（螺帽）的內徑是粗實線，外徑則以細線繪製。而且，還分成貫通孔與無貫通孔。母螺絲（螺帽）的加工方法如以下步驟：（1）以電鑽鑽孔（製造導孔，又稱定位孔）；（2）之後，使用一種稱為螺絲攻的工具攻牙，製造母螺絲內側的螺紋。還有，當螺帽為無貫通孔時，孔的前端要製造成120度角的「鑽孔」形狀（圖12.5）。關於鑽孔的詳細內容，請參閱第5章。

如圖12.6所示，從螺絲端面看的圖面可見內徑是粗實線，外徑則是細線，與公螺絲一樣繪製了四分之三圓。實務上，舊制的JIS規格也是採用全圓。另外，隱藏線全部都是採用細虛線來繪製（圖12.7）

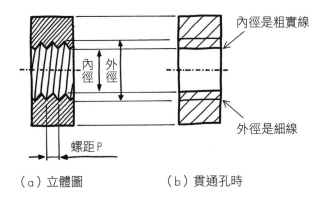

內徑是粗實線

外徑是細線

螺距 P

（a）立體圖　　　　　（b）貫通孔時

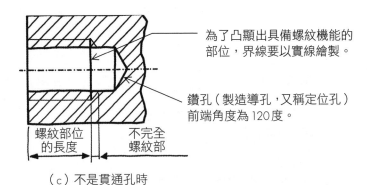

為了凸顯出具備螺紋機能的部位，界線要以實線繪製。

鑽孔（製造導孔，又稱定位孔）前端角度為 120 度。

螺紋部位的長度　　　不完全螺紋部

（c）不是貫通孔時

圖 12.5　母螺絲（螺帽）的圖示法

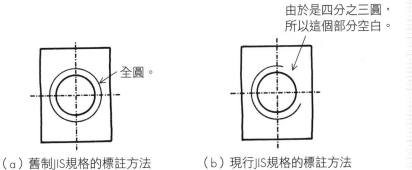

由於是四分之三圓，所以這個部分空白。

全圓。

（a）舊制JIS規格的標註方法　　（b）現行JIS規格的標註方法

圖 12.6　標註外徑的方法

隱藏線全部都是採用
細虛線來繪製。

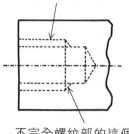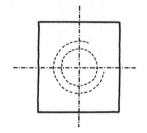

不完全螺紋部的這個
細斜線可以省略。

圖 12.7　母螺絲（螺帽）標註隱藏線的方法

　　母螺絲（螺帽）以「外徑尺寸」做為名稱，其標註方法為

（1）為粗牙螺紋時

> 在「螺紋種類的符號」後面標註「螺紋外徑」。
> 例）M4。

（2）為細牙螺紋時

> 以「螺紋種類的符號」「螺紋外徑」×「螺距」表示。與粗牙螺紋不
> 同的是最後要標上螺距。
> 例）M4 × 0.5。

　　標註尺寸時，貫通孔是如圖12.8(a)或同圖(b)所示，標註螺紋名稱。若為無貫通孔時，則如同圖（c）所示，也要一併標上深度。還有，鑽孔不需要標註直徑或長度。每種螺紋都配有既定的導孔（定位孔）直徑，在加工現場，攻牙工具（螺絲攻）也與加工導孔（定位孔）的電鑽一起保管。製圖時，導孔（定位孔）深度應繪製成螺紋長度的1.25倍左右。

然後，要與表示螺紋長度的螺紋名稱一起標註時，如同圖（d）所示，螺紋名稱後面要標上「× 深度尺寸」。至於要標註在從端面方向看的圖面上時，其標註方式如同圖（e）、（f）所示。

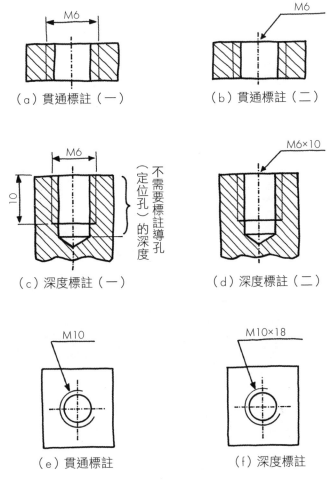

（a）貫通標註（一）

（b）貫通標註（二）

（c）深度標註（一）

不需要標註導孔（定位孔）的深度

（d）深度標註（二）

（e）貫通標註

（f）深度標註

圖 12.8　母螺絲（螺帽）標註尺寸的方法

在組裝圖等圖面上，同時繪製公螺絲（螺栓）與母螺絲（螺帽）時，其繪製方法如次頁圖 12.9 所示。

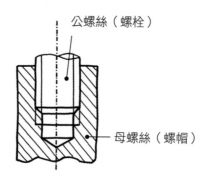

公螺絲（螺栓）

母螺絲（螺帽）

圖12.9　公螺絲與母螺絲一同繪製的範例

螺絲尺寸一覽表

　　表12.2介紹常用的螺絲尺寸。「細牙」欄位中記載了多個螺距尺寸，可從中挑選適當的尺寸。

表12.2　螺絲尺寸（摘錄）

（單位：mm）

螺紋名稱	螺距P		公螺絲（螺栓）	
			外徑	內徑
	粗牙	細牙	母螺絲（螺帽）	
			外徑	內徑
M3	0.5	0.35	3.0	2.459
M4	0.7	0.5	4.0	3.242
M5	0.8	0.5	5.0	4.134
M6	1.0	0.75	6.0	4.917
M8	1.25	1、0.75	8.0	6.647
M10	1.5	1.25、1、0.75	10.0	8.376
M12	1.75	1.5、1.25、1	12.0	10.106
M16	2.0	1.5、1	16.0	13.835
M20	2.5	2、1.5、1	20.0	17.294
M24	3.0	2、1.5、1	24.0	20.752
M30	3.5	2、1.5、1	30.0	26.211

公螺絲（螺栓）與母螺絲（螺帽）的簡略圖示法

下表12.3以簡略圖示法，介紹市面上銷售的各種公螺絲（螺栓）與母螺絲（螺帽）的種類。可標註於組裝圖上。

表 12.3　螺栓與螺帽的簡略圖示法

NO.	名稱	簡略圖示	NO.	名稱	簡略圖示
1	六角螺栓		9	十字溝皿頭小螺栓	
2	四角螺栓		10	一字溝止付螺栓	
3	內六角孔螺栓		11	一字溝木螺絲以及自攻螺釘	
4	一字溝平頭螺栓（扁圓頭）		12	蝶型螺栓	
5	十字溝平頭小螺栓		13	六角螺帽	
6	一字溝圓頭小螺栓		14	六角堡型螺帽	
7	十字溝圓頭小螺栓		15	四角螺帽	
8	一字溝皿頭小螺栓		16	蝶型螺帽	

標註彈簧

彈簧種類 JIS B 0004

　　彈簧分成很多種，有螺旋彈簧、葉（板）片彈簧、截錐渦卷彈簧（寶塔彈簧）、渦卷彈簧等，各式各樣的種類。螺旋彈簧依受力方向，還可細分為沿著壓縮方向受力的「壓縮螺旋彈簧」、沿著拉伸方向受力的「拉伸螺旋彈簧」，以及沿著扭轉方向受力的「扭轉螺旋彈簧（扭力螺旋彈簧）」。本章介紹最常用的壓縮螺旋彈簧與拉伸螺旋彈簧。以前由於市售品不多，所以每次都要請技術者設計，現在因為市面上有豐富的樣式，所以一般都是直接購買市售品。以下說明標註在組裝圖時的簡略圖示法。

壓縮螺旋彈簧的圖示法

　　這是適用於壓縮方向的壓縮螺旋彈簧。JIS 規格中記載了兩種簡略圖示法，實務上以圖12.10（c）最常使用。這是以實線表示彈簧材料的中心線，一般來說，圖面上的彈簧圈數不必比照規格，只要以適當角度繪製成折線狀即可。

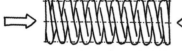

（a）實體圖

壓縮螺旋彈簧的受力方向如箭頭所示。

（b）簡略圖示（一）

省略中心部位，只畫出兩端的圖示法。

圖 12.10　壓縮螺旋彈簧的圖示法

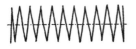 如圖所示，這樣畫出折線即可。
以此圖示法便能簡易繪製。

（c）簡略圖示（二）

圖 12.10　壓縮螺旋彈簧的圖示法（續）

拉伸螺旋彈簧的圖示法

概念與壓縮螺旋彈簧一樣。實務上是採用簡易的圖 12.11（c）來繪製。

 拉伸螺旋彈簧的受力方向
如箭頭所示。

（a）實體圖

 省略中心部位，
只畫出兩端的圖示法。

（b）簡略圖示（一）

 如圖所示，這樣畫出折線即可。
以此圖示法便能簡易繪製。

（c）簡略圖示（二）

圖 12.11　拉伸螺旋彈簧的圖示法

標註齒輪

齒輪種類 JIS B 0003

　　齒輪是兩軸間傳遞動力的手段。齒輪為常用的機械零件,具有以下幾點優點:(1)可確實且有效率地透過迴轉傳遞動力、(2)改變齒輪的齒數可調整速率、(3)即使兩軸不平行也可以傳遞動力等。依照用途可分成許多種類,如圖12.12所示。以下介紹最常用的正齒輪。

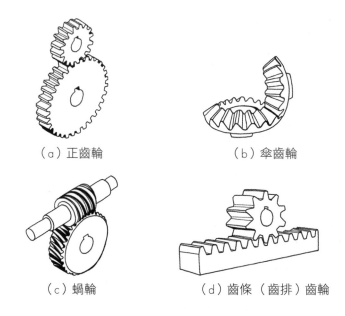

（a）正齒輪　　　　　　　　　（b）傘齒輪

（c）蝸輪　　　　　　　（d）齒條（齒排）齒輪

圖 12.12　齒輪種類（摘錄）

齒輪的圖示法

　　齒輪是利用凹凸齒互相嵌合,以達到迴轉的目的。此時,因為齒輪凹凸齒嵌合的地方並沒有任何標註,所以無從得知兩軸的中心距離。因此,用節圓之類的概念,決定兩軸的中心距離,以連接這些圓之間的位置關係。齒輪目錄上一定都有記載這個節圓直徑。

如圖 12.13 所示，凸齒前端所連成的圓，以粗實線表示，節圓以一點細鏈線（節線）表示，而凹齒底部所連成的圓則是以細實線表示。圖 12.14 是表示齒輪嵌合狀態下的兩軸位置關係與圖示法。

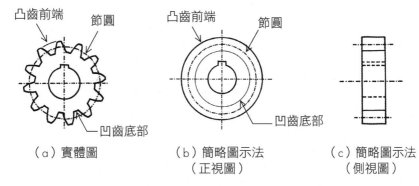

（a）實體圖　　　　（b）簡略圖示法　　　　（c）簡略圖示法
　　　　　　　　　　　　（正視圖）　　　　　　　　（側視圖）

圖 12.13　齒輪的圖示法

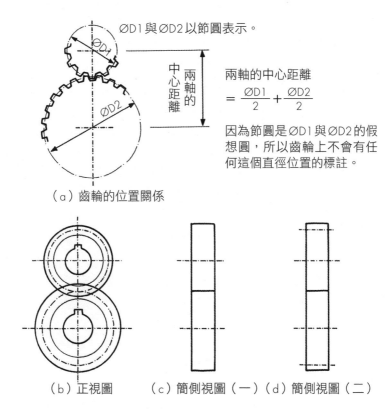

ØD1 與 ØD2 以節圓表示。

兩軸的中心距離

$$= \frac{ØD1}{2} + \frac{ØD2}{2}$$

因為節圓是 ØD1 與 ØD2 的假想圓，所以齒輪上不會有任何這個直徑位置的標註。

（a）齒輪的位置關係

（b）正視圖　　　（c）簡側視圖（一）（d）簡側視圖（二）

圖 12.14　齒輪嵌合狀態的圖示法

充電站

建立自己專用的設計資訊資料夾

綜觀整個設計與製圖的過程，盡是一連串不得不做決定的程序。不過，這並不代表每次設計時，都必須全部從頭開始構思起，應該事先要先訂出一套規則。舉例來說，設計外殼時，可預先決定好「使用 1.0mm 厚的 A1100P 鋁板」。還有，只要決定固定這個鋁板的螺絲是採用 M4 螺絲，那麼外殼在加工貫通孔時，就不會摸不著頭緒，可以明確地知道這是要鑽 5mm 的孔。只要設計前先做好這些決定，設計效率就能大幅提升，因為設計時只要考慮外殼的外形尺寸即可。至於配合（嵌合）公差的孔公差符號與軸公差符號，要事先搭配好，也是出自於這個理由。這種作法被稱為標準化。標準化不是適用於個人，而是適用於更大的範圍，例如每個部門或每間公司等，效果可說是相當廣泛。所以希望每位讀者都能學到這個簡單的步驟。

像這樣標準化的資訊，以及第 9 章所介紹的每種材料的市售品尺寸、表面粗糙度等資訊、公司內部與外部加工廠商每台加工機加工精度的限度資訊、表面處理的一般膜厚以及可掌控的精度等資訊，以上任何一點，都是相當珍貴的資訊，市面上沒有任何一本書籍會有相關記載。因此，建議讀者們可以彙整這些資訊，並存檔在設計資訊的檔案夾內。

此時，訣竅是印成書面資料存檔。當然要用 Excel 等彙整編輯並存檔也可以，不過最好還是印出來收納在設計桌上較好。在實際運用層面上，IT 化之類的電子檔案，終究還是不方便使用。所以建議大家都準備一本實體的設計資料夾，所有新的資訊或者失敗事例等，一件一件都要詳細地歸檔在這個資料夾中。這麼一來，這些設計資訊就能更加活用，當資料夾翻得愈是破舊，代表持有者本身，已經愈來愈具備設計能力與製圖能力了。

第 **13** 章

邁向下一個階段

終於，我們來到了最後一章。不知道各位覺得如何？本書內容有容易理解的章節，也有不易理解的章節。無論如何，當實務上感到困惑時，請再次回顧該章節的內容，做進一步的確認。然後，為了今後各位能更順利地提升知識與技能，筆者在這最後一章中提供一些建議，請各位讀者參考。

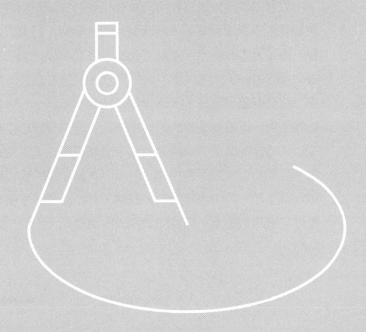

加強製圖知識

　　本書至此介紹了製圖相關知識，希望有助於各位社會人士，就近從工作上的圖面來加深理解。至於學生身分的讀者，因為尚未有實際接觸圖面的機會，或許較無法體會，但本書可為各位建立基本知識，未來踏入社會後請加以活用。

　　JIS製圖的規格很多，但不需要全部記住，請先理解各業界或各公司所使用的規格即可。本書內容介紹許多相關的基本規格。其中，雖然以第8章介紹的幾何公差比較難以理解，但其中的真平度、平行度、直角度、同軸度等四種規格，在實務上卻經常使用。因此，請各位讀者務必要充分理解。

　　《JIS製圖手冊59》（「JISハンドブック59製圖」，日本工業規格協會）是網羅全部JIS製圖規格的書。由於頁數超過100頁，所以被定位成字典類，若公司或部門備有一本此書，相信在製圖上一定會有很大的幫助。另外，筆者另一本與本書成套的著作《圖解看懂工業圖面》，是站在閱圖者立場所編輯的書，介紹如何透過看第三角法的圖，來想像出立體形狀，敬請各位讀者參考。

學會製圖技能

　　學會了製圖知識以後，再來便是執行。累積執行的經驗能增長技能，訣竅就是不斷繪製圖面。剛開始繪製圖面時，每個人必定都會經歷畫了又擦、擦了又畫的階段。這就好比駕駛摩托車或汽車一樣，只要學習交通法規與操作方法等知識，並且通過考試，就能行駛在一般道路上。當然剛開車上路時難免不熟練，不過只要持續個半年或一年，就可以練就出純熟的駕駛技術。這道理與繪製圖面相同。在空白製圖紙上配置位置，屬於必備技能，只是，像這一類的平衡感，實在很難透過文章做完美詮釋。舉例來說，想要在正視圖標註尺寸，但卻因為與旁邊的側視圖太過接近，而無法順利標註等，諸如此類的失敗經驗，必須要不斷累積後，才能掌握到那種難以言喻的平衡感。只要能掌握到這個要點，相信一定可以大幅縮短製圖時間。

還有，除了執行以外，多拜讀前輩們的圖面，也同樣重要。只要多觀摩圖面，就可以讓至今覺得平淡無奇的圖面，變得立體有趣，理解到專家繪製的圖面的美。不過，即使繪製的是相同物件，呈現的效果也會隨著製圖者而有所不同。例如，圖面的配置與尺度線的畫法等，只要有一絲差異，結果就南轅北轍，成為易讀的圖面或者難懂的圖面，只在一線之隔。最好的方法是自己要多練習製圖，並常觀摩其他圖面。

從製圖到設計

當學會製圖時，下一個步驟便要擴展其他知識。首先，應該先從「材料知識」、「加工知識」著手，因為這兩項知識與圖面有著密不可分的關係。無論是金屬或非金屬，材料的種類多如繁星，對於此類知識，只要依序從鋼鐵、鋁、銅……等學習起即可，建議可從自己公司會使用的材料開始學起。至於學生身分的讀者，則可從有興趣的行業、或有興趣的材料開始學起，假設還沒找到有興趣的方向，那麼建議可以先學鋼鐵材料的碳鋼。即使只是先學一種材料也好，只要能從中理解到材料特性等比較專業的知識，未來就可以如法炮製地去學習其他材料。

第二個步驟是學習加工知識。雖然最理想的方法就是自己親自去接觸、學會操作各種加工機，但實際上，因為符合這項條件的場地不多，所以難以達成。因此，讀者們要學習掌握加工機的特徵，例如標註的圖面形狀、尺寸、幾何公差，是使用哪一台加工機來加工？各台加工機的精度可以達到什麼水準？請務必要親自去加工現場觀摩。並且，一定要了解自己公司的加工機性能。這麼一來，製圖時就能想像加工過程，進而繪製出更便於加工的優良圖面。

讀者們只要學會本書所介紹的製圖知識，然後再搭配這些材料知識與加工知識，就可以開始邁向下一個階段，學習材料力學、熱力學或結構力學之類的專業知識了。在日本，每一門專業都有出版好書，對於剛開始學的讀者，筆者推薦先閱讀說明設計整體基礎知識的《機械設計的基礎知識》（「機械設計の基礎知識」，米山猛著作，日刊工業新聞社）。這本書的內容符合實務，且介紹了許多具體範例。另一本推薦的書是以機械設計為主，記載許多資訊的《以JIS為基礎的機械設計製圖手冊》（「JISにもとづく機械設計製図便覽」，大西清著作，理工學社）。由於這本書是分類說明的手冊，所以可以當做設計資料參考。

　　最後，對設計者來說，最重要的事情，莫過於貼近使用者的立場來設計了。為了滿足使用者的需求，應該採用哪種設計才好？除了機能以外，還得考慮到使用性與安全性，因為這不只是知識的一環，同時也是一個感性的世界。

　　希望各位讀者都能以活躍於製造業前線為傲，享受把腦海中思考的事物，轉化成眼睛看得到的形狀的成就感，願大家能在學習中獲得成長的喜悅。

後記

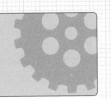

當我還是高中生時，覺得化學相當困難，就算認真讀了教科書與參考書，也一樣無法理解。那時候，在一個偶然的情況下，在書店買了《化解對化學的反感》(「化学ぎらいをなくす本」，米村正信著作，講談社 BLUEBACKS）這本書。閱讀之後，解答了我心中許多疑惑。讓我打從心底對化學完全改觀，覺得化學真是有趣又好玩的世界。我從高中畢業至今，已經過了數十年了，現在這本書仍然擺在我的書架上。當我著手寫這本書時，也不時地想起這位米村先生的著作。雖然我們的領域與對象不同，但是我想要效仿米村先生，盡量站在讀者的立場來編輯書籍。

即使繪製圖面的當下，會覺得已經相當完美，但完成時，往往還是會發現各式各樣的問題。製造一個新的物件，應該要不斷地反覆執行，嘗試錯誤。這其中不但有製造物件的樂趣，這個圖面也包含了技術者之魂，支持著日本的製造業能更強盛。希望未來各位讀者，都能活躍於製造的世界。

最後，感謝村田製造所株式會社的上司以及同事們，在這裡的設備開發經驗，促成本書的完成。而且，一直以來互有交流的顧客們，也每天為我帶來新的刺激。然後，感謝齋藤亮介先生，繼前一本《圖解看懂工業圖面》後，仍然願意續任編輯工作，與他討論內容的過程，相當快樂，在此獻上最深的謝意。

2011 年 10 月

西村仁

索引

國家圖書館出版品預行編目資料

圖解工業製圖 / 西村仁著；洪淳瀅譯. -- 初版. -- 臺北市：易博士
文化，城邦文化出版：家庭傳媒城邦分公司發行，2018.07
　面；　公分，--（最簡單的生產製造書；4）譯自：図面の描き方
がやさしくわかる本
　ISBN 978-986-480-052-0（平裝）

1. 工業設計　2. 系統設計

440.8　　　　　　　　　　　　　　　　　　　　　107009232

DA3004
圖解工業製圖

原 著 書 名／図面の描き方がやさしくわかる本
原 出 版 社／日本能率協会マネジメントセンター
作　　　者／西村仁
譯　　　者／洪淳瀅
選 書 人／蕭麗媛
責 任 編 輯／黃婉玉

業 務 經 理／羅越華
總 編 輯／蕭麗媛
視 覺 總 監／陳栩椿
發 行 人／何飛鵬
出　　　版／易博士文化
　　　　　　城邦文化事業股份有限公司
　　　　　　台北市中山區民生東路二段141號8樓
　　　　　　電話：（02）2500-7008　傳真：（02）2502-7676　E-mail : ct_easybooks@hmg.com.tw
發　　　行／英屬蓋曼群島商家庭傳媒股份有限公司城邦分公司
　　　　　　台北市中山區民生東路二段141號2樓
　　　　　　書虫客服服務專線：（02）2500-7718、2500-7719
　　　　　　服務時間：周一至周五上午09:00-12:00；下午13:30-17:00
　　　　　　24小時傳真服務：（02）2500-1990、2500-1991
　　　　　　讀者服務信箱：service@readingclub.com.tw
　　　　　　劃撥帳號：19863813
　　　　　　戶名：書虫股份有限公司
香港發行所／城邦（香港）出版集團有限公司
　　　　　　香港灣仔駱克道193號東超商業中心1樓
　　　　　　電話：（852）2508-6231　傳真：（852）2578-9337　E-mail : hkcite@biznetvigator.com
馬新發行所／城邦（馬新）出版集團 [Cite（M）Sdn. Bhd.]
　　　　　　41, Jalan Radin Anum, Bandar Baru Sri Petaling, 57000 Kuala Lumpur, Malaysia
　　　　　　電話：（603）9057-8822　傳真：（603）9057-6622　E-mail : cite@cite.com.my

美 術 編 輯／簡至成
封 面 構 成／簡至成
製 版 印 刷／卡樂彩色製版印刷有限公司

Original Japanese title: ZUMEN NO KAKIKATA GA YASASHIKU WAKARU HON
Copyright © Hitoshi Nishimura 2011
Original Japanese edition published by JMA Management Center Inc.
Traditional Chinese translation rights arranged with JMA Management Center Inc.
through The English Agency (Japan) Ltd. And AMANN CO,. LTD, Taipei

2018年7月10日 初版1刷
2021年10月21日 初版3.2刷
ISBN 978-986-480-052-0
定價1000元　　HK$333

Printed in Taiwan

城邦讀書花園
www.cite.com.tw